Maren Hennig

Der Einfluss von Everolimus auf den Verlauf der EAU

Maren Hennig

Der Einfluss von Everolimus auf den Verlauf der EAU

Immunsuppression und Toleranzinduktion

Südwestdeutscher Verlag für Hochschulschriften

Impressum/Imprint (nur für Deutschland/only for Germany)
Bibliografische Information der Deutschen Nationalbibliothek: Die Deutsche Nationalbibliothek verzeichnet diese Publikation in der Deutschen Nationalbibliografie; detaillierte bibliografische Daten sind im Internet über http://dnb.d-nb.de abrufbar.
Alle in diesem Buch genannten Marken und Produktnamen unterliegen warenzeichen-, marken- oder patentrechtlichem Schutz bzw. sind Warenzeichen oder eingetragene Warenzeichen der jeweiligen Inhaber. Die Wiedergabe von Marken, Produktnamen, Gebrauchsnamen, Handelsnamen, Warenbezeichnungen u.s.w. in diesem Werk berechtigt auch ohne besondere Kennzeichnung nicht zu der Annahme, dass solche Namen im Sinne der Warenzeichen- und Markenschutzgesetzgebung als frei zu betrachten wären und daher von jedermann benutzt werden dürften.

Coverbild: www.ingimage.com

Verlag: Südwestdeutscher Verlag für Hochschulschriften GmbH & Co. KG
Heinrich-Böcking-Str. 6-8, 66121 Saarbrücken, Deutschland
Telefon +49 681 37 20 271-1, Telefax +49 681 37 20 271-0
Email: info@svh-verlag.de

Zugl.: Duisburg-Essen, Universität, Diss. 2011

Herstellung in Deutschland:
Schaltungsdienst Lange o.H.G., Berlin
Books on Demand GmbH, Norderstedt
Reha GmbH, Saarbrücken
Amazon Distribution GmbH, Leipzig
ISBN: 978-3-8381-1680-8

Imprint (only for USA, GB)
Bibliographic information published by the Deutsche Nationalbibliothek: The Deutsche Nationalbibliothek lists this publication in the Deutsche Nationalbibliografie; detailed bibliographic data are available in the Internet at http://dnb.d-nb.de.
Any brand names and product names mentioned in this book are subject to trademark, brand or patent protection and are trademarks or registered trademarks of their respective holders. The use of brand names, product names, common names, trade names, product descriptions etc. even without a particular marking in this works is in no way to be construed to mean that such names may be regarded as unrestricted in respect of trademark and brand protection legislation and could thus be used by anyone.

Cover image: www.ingimage.com

Publisher: Südwestdeutscher Verlag für Hochschulschriften GmbH & Co. KG
Heinrich-Böcking-Str. 6-8, 66121 Saarbrücken, Germany
Phone +49 681 37 20 271-1, Fax +49 681 37 20 271-0
Email: info@svh-verlag.de

Printed in the U.S.A.
Printed in the U.K. by (see last page)
ISBN: 978-3-8381-1680-8

Copyright © 2012 by the author and Südwestdeutscher Verlag für Hochschulschriften GmbH & Co. KG and licensors
All rights reserved. Saarbrücken 2012

Für Patienten mit autoimmuner Uveitis
und deren Angehörige

Für meine Schwester
und in Gedenken an meinen Großvater

Inhaltsverzeichnis

1. Einleitung		1
1.1.	Die angeborene und adaptive Immunantwort	1
1.2.	Selbsttoleranz	3
1.2.1.	Zentrale Toleranz	3
1.2.2.	Periphere Toleranz	5
1.2.2.1.	Mechanismen	5
1.2.2.2.	$CD4^+CD25^+$ Regulatorische T-Zellen	6
1.2.2.2.1.	Phänotyp	6
1.2.2.2.2.	Wirkmechanismus	8
1.2.2.3.	Induzierte regulatorische T-Zellen	9
1.3.	Autoimmunerkrankungen	10
1.4.	Das Immunprivileg des Auges	11
1.5.	Uveitis	14
1.6.	Therapiemöglichkeiten	15
1.7.	Everolimus	16
1.8.	Experimentelle Autoimmune Uveoretinitis (EAU)	18
1.9.	Zielsetzung	21
2. Material und Methoden		22
2.1.	Material	22
2.1.1.	Chemikalien	22
2.1.2.	Antikörper/ Konjugate/ Fluoreszenzfarbstoff	23
2.1.2.1.	Durchflusszytometrie	23
2.1.2.2.	Immunhistochemie	24
2.1.3.	ELISA (engl.: enzyme-linked immunosorbent assay)	25
2.1.3.1.	Zytokinquantifizierung	25
2.1.3.2.	Nachweis $IRPB_{P161-180}$-spezifischer Serumantikörper	25
2.1.4.	Multiplex Bead-Array	25
2.1.5.	Proteinaseinhibitoren	25
2.1.6.	Seren, Puffer, Medien	26
2.1.7.	Mitogen	26
2.1.8.	Zytostatika	26

		Inhaltsverzeichnis
2.1.9.	3[H]-Thymidin-Test	26
2.1.10.	Medikamente	26
2.1.11.	Anästhetika	26
2.1.12.	Tierfutter	26
2.1.13.	Immunisierung	27
2.1.14.	Verbrauchsmaterialien	27
2.1.15.	Geräte	28
2.1.16.	Versuchstiere	29
2.1.17.	Lösungen	29
2.1.17.1.	Zellkultur	29
2.1.17.2.	Histologie/ Immunhistochemie	30
2.1.17.3.	ELISA	31
2.2.	Methoden	32
2.2.1.	Induktion der EAU	32
2.2.1.1.	Narkose	32
2.2.1.2.	Immunisierungsmodell	32
2.2.1.3.	Adoptives Transfermodell	32
2.2.2.	Behandlung	33
2.2.2.1.	Everolimus (Certican)	33
2.2.2.2.	Behandlungsprotokoll	33
2.2.3.	Messung der Hautreaktion vom verzögerten Typ	34
2.2.4.	Organentnahme	34
2.2.5.	Histologie	35
2.2.5.1.	3-Aminopropyltriethoxysilane-Beschichtung	35
2.2.5.2.	Paraffineinbettung	35
2.2.5.3.	Hämatoxilin-Eosin-(HE)-Färbung	36
2.2.5.4.	Histopathologische Bestimmung des EAU-Schweregrades	36
2.2.5.5.	Poly-L-Lysin-Beschichtung	37
2.2.5.6.	Herstellung von Kryostatschnitten	37
2.2.5.7.	Immunhistochemie	38
2.2.5.7.1.	Analyse des entzündlichen Infiltrats an Kryostatschnitten	38
2.2.5.7.2.	Erfassung der Anzahl intraokularer FoxP3$^+$ Zellen	39

2.2.5.7.2.1.	Entpigmentierung	39
2.2.5.7.2.2.	Antigendemaskierung	39
2.2.5.7.2.3.	Immunhistochemie	40
2.2.6.	Isolierung von Zellen aus der Milz und den Lymphknoten	40
2.2.7.	Zellzählung	41
2.2.8.	3[H]-Thymidin Proliferationstest	41
2.2.9.	Gewinnung von Zellkulturüberständen	41
2.2.10	Gewinnung von Serum	42
2.2.11.	ELISA	42
2.2.11.1.	Zellkulturüberstände	42
2.2.11.2.	IRBP$_{P161-180}$-spezifische Serumantikörper	43
2.2.12.	Durchflusszytometrie	44
2.2.12.1.	Durchflusszytometer	44
2.2.12.2.	Zellsortierung	45
2.2.12.3.	Extrazelluläre Färbung	46
2.2.12.4.	Intrazelluläre FoxP3 Färbung	46
2.2.12.5.	Verteilungsstudie	48
2.2.12.5.1.	CFSE-Markierung	48
2.2.12.5.2.	Durchflusszytometrische Analyse	48
2.2.13.	Intraokulare Zytokinbestimmung	49
2.2.13.1.	Probengewinnung	49
2.2.13.2.	Multiplex-Bead Array	50
2.2.14.	Suppressionsassay	51
2.2.14.1.	Fraktionierung von T-Zellen und Antigen-präsentierenden Zellen	51
2.2.14.2.	Mytomycin C Behandlung	52
2.2.14.3.	Anteil FoxP3+ Zellen in CD4$^+$CD25$^+$ und CD4$^+$CD25$^-$ Splenozyten	52
2.2.14.4.	Sortierung von CD4$^+$CD25$^+$ und CD4$^+$CD25$^-$ Lymphozyten	54
2.2.14.5.	Suppressionsassay mit 3[H]-Thymidin	54

2.2.15.	Monozentrische Phase II Studie		55
2.2.15.1.	Studiendesign		55
2.2.15.2.	Analyse der $CD3^+CD4^+CD25^+FoxP3^+$ Zellen		56
2.2.16.	Statistik		57
3. Ergebnisse			**58**
3.1.	Etablierung des murinen EAU-Modells		58
3.2.	Everolimusbehandlung		62
3.2.1.	Einfluss der Everolimusbehandlung auf den Schweregrad und der Inzidenz der EAU		62
3.2.2.	Einfluss der EAU-Induktion und der Everolimusbehandlung auf das Körpergewicht		64
3.2.3.	Hautreaktion vom verzögerten Typ		65
3.2.4.	Proliferation splenischer Lymphozyten		67
3.2.5.	Einfluss der Everolimusbehandlung auf die humorale Immunantwort		69
3.2.6.	Zytokinprofile		70
3.2.6.1.	Zellkulturüberstand splenischer Lymphozyten		70
3.2.6.2.	Intraokulare Zytokinmuster		76
3.2.7.	Regulatorische T-Zellen		80
3.2.7.1.	Einfluss auf die Frequenz der $CD4^+CD25^+FoxP3^+$ Zellen		80
3.2.7.2.	Einfluss auf die inhibitorische Effektivität der $CD4^+CD25^+FoxP3^+$ Zellen		81
3.2.7.3.	Einfluss auf die Anzahl intraokularer $FoxP3^+$ Zellen		83
3.3.	Einfluss auf die Frequenz humaner $CD4^+CD25^+FoxP3^+$ Zellen		83
4. Diskussion			**85**
4.1.	Die Induktion der experimentellen autoimmunen Uveoretinitis (EAU)		85
4.2.	Der Einfluss von Adjuvantien auf die EAU-Induktion durch Immunisierung		87
4.3.	Die Verteilung uveitogener Zellen nach adoptivem Transfer		88

4.4.	Die Typisierung der Effektorimmunantwort		89
4.4.1.	Die Effektorantwort nach Immunisierung		90
4.4.2.	Die Effektorantwort nach adoptivem Transfer		92
4.4.3.	Die Antigenspezifität der Effektor-Immunantwort		93
4.5.	Die systemische Nebenwirkungen der EAU-Induktion und der Everolimusbehandlung		94
4.6.	Die Wirksamkeit der Everolimusbehandlung auf den Verlauf der EAU		95
4.7.	Der Einfluss der Everolimusbehandlung auf die Effektorimmunantwort		97
4.8.	Die Wirkung von Everolimus auf regulatorische T-Zellen in der EAU		99
4.9.	Der Effekt von Everolimus auf humane regulatorische T-Zellen		102
4.10.	Die unterschiedliche Wirkung von Everolimus auf murine und humane regulatorische T-Zellen		103
4.11.	Ausblick		105
5.	**Zusammenfassung**		106
6	**Summary**		108
7.	**Literaturverzeichnis**		109
8.	**Publikationsliste**		134
9.	**Abkürzungsverzeichnis**		137
10.	**Abbildungsverzeichnis**		141
11.	**Tabellenverzeichnis**		142
Anhang			143

1. Einleitung

1.1. Die angeborene und adaptive Immunantwort

Das Immunsystem ist in der Lage, sich gegen eine große Vielfalt von Pathogenen, wie Bakterien, Viren und anderen Mikroorganismen, zur Wehr zu setzen. Dabei greifen zwei grundlegende Mechanismen, die angeborene und die adaptive Immunabwehr, ineinander: Die angeborene Immunabwehr hat die Aufgabe der frühen unspezifischen Infektabwehr. Dabei gilt es Erreger sowie entartete oder infizierte Zellen von gesunden, körpereigenen Zellen zu unterscheiden, abzutöten und die adaptive Immunantwort zu induzieren (Janeway 1992). Dabei spielen Phagozyten wie Monozyten/Makrophagen (Mφ), dendritische Zellen (DZ), polymorphkernige neutrophile Granulozyten (PMN) und natürliche Killer (NK)- Zellen sowie die löslichen Faktoren des Komplementsystems eine zentrale Rolle (Johnston 1988; Trinchieri 1989; Bancroft 1993; Banchereau and Steinman 1998; Rus, Cudrici et al. 2005; Nathan 2006). Insbesondere Phagozyten tragen auf ihrer Oberfläche Rezeptoren, die spezifisch an hoch konservierte pathogenassoziierte molekulare Muster (engl.: pathogen-associated molecular pattern; PAMP) von pathogenen Erregern binden (Janeway 1992). Dazu zählen unter anderem toll-ähnliche Rezeptoren (engl.: toll-like receptor; TLR) (Medzhitov 2001; Takeda, Kaisho et al. 2003). Der TLR4 zum Beispiel (z.B.) bindet an Lipopolysaccharid (LPS), einem allgemeinen Bestandteil der bakteriellen Zellwand Gram-negativer Bakterien (Poltorak, He et al. 1998; Qureshi, Lariviere et al. 1999). Durch die Ligation wird die Phagozytose des Erregers und über eine intrazelluläre Signalkaskade die Expression zahlreicher proinflammatorischer Gene induziert, die für die Bildung proinflammatorischer Zytokine, Chemokine, ko-stimulatorischer Moleküle und dem Haupthistokompatibilitäts-komplex (engl. major histocompatibility complex; MHC) wichtig sind (Banchereau and Steinman 1998; O'Neill 2000; Granucci, Vizzardelli et al. 2001; Akira 2003; Doyle, O'Connell et al. 2004; Anand, Kohler et al. 2007).

Um eine antigenspezifische (adaptive) Immunantwort zu induzieren, die durch T- und B-Zellen (Lymphozyten) vermittelt wird, wandern aktivierte DZ in die peripheren lymphatischen Organe (z.B. Milz, Lymphknoten) und präsentieren dort Bruchstücke (Antigene) vom phagozytierten Material, in Verbindung mit dem MHC-II-Molekül auf ihrer Zelloberfläche (Banchereau and Steinman 1998). Sie werden daher auch als Antigen präsentierende Zellen bezeichnet (APZ), die vermittelt durch den Antigen/MHC-Komplex und den antigenspezifischen T-Zell-Rezeptor (TZR) mit naiven $CD4^+$ T-Zellen in Zell-Zell-Kontakt treten.

1. Einleitung

Unter zusätzlicher Ko-Stimulation (z.b. CD80/CD86) werden die T-Zellen selektiv aktiviert und differenzieren in Abhängigkeit von dem lokalen Zytokinmilieu zu T-Helfer (Th) 1-, Th2- oder Th17- Zellen aus (Liu and Janeway 1992; Lenschow, Walunas et al. 1996; Harrington, Hatton et al. 2005). Die CD8$^+$ T-Zellen sind hingehen auf die Erkennung von MHC-I-Molekülen-assoziierten Antigenen restringiert und differenzieren bei Aktivierung zu zytotoxischen T-Zellen aus, die z.B. Virus-infizierte Zellen abtöten können (Harty, Tvinnereim et al. 2000). Die B-Zellen zählen ebenfalls zu den APZ, und werden durch ihren antigenspezifischen B-Zell-Rezeptor gezielt durch ein Antigen aktiviert und differenzieren unabhängig oder durch die retrograde Interaktion mit Th-Zellen zu Plasmazellen aus, die die humorale Immunantwort präsentieren und sowohl die angeborene als auch adaptive Immunantwort unterstützt (Parker 1993; Cook, Basten et al. 1997). Die Plasmazellen sezernieren vermehrt Antikörper (Immunglobulin, Ig), eine lösliche Form des antigenspezifischen BZR. Diese binden an ihr spezifisches Antigen und markieren es als Pathogen. Die Zellen der angeborenen Immunantwort und zytotoxische CD8$^+$ T-Zellen binden über Fc-Rezeptoren an diese Antikörper, werden dadurch aktiviert und initiieren die Eliminierung der als pathogen markierten Struktur (Nimmerjahn and Ravetch 2008).

Die Selektion, Aktivierung, Proliferation und Differenzierung von antigenspezifischen T- und B-Lymphozyten zu Effektor-T- und Plasmazellen nimmt einige Tage in Anspruch. In dieser Zeitspanne verhindert das angeborene Immunsystem eine Ausbreitung der pathogenen Erreger. Nur die adaptive Immunantwort hinterlässt nach der Infektabwehr ein immunologisches Gedächtnis, das über einen längeren Zeitraum eine Reinfektion mit dem gleichen Erreger verhindert (Vitetta, Berton et al. 1991).

Das Immunsystem beinhaltet aggressive Mechanismen, die sich prinzipiell auch gegen körpereigene Strukturen richten können. Dies wird durch den Mechanismus der Selbsttoleranz verhindert, wobei körpereigene Strukturen von den Lymphozyten erkannt, aber nicht angegriffen werden.

1. Einleitung

1.2. Selbsttoleranz

1.2.1. Zentrale Toleranz

Die Grundlage der adaptiven Immunantwort und ihrer enormen Diversität ist in der Ontogenese der T- und B-Zellen begründet. Beide Lymphozytenpopulationen gehen aus pluripotenten Stammzellen hervor und werden in der fötalen Leber und im Knochenmark gebildet. Sie zeichnen sich durch einen antigenspezifischen Rezeptor auf ihrer Zelloberfläche aus, mit dem sie Antigene identifizieren und dadurch selektiv aktiviert werden können. Während der Ontogenese der T- und B-Zellen treten somatische Rekombinationen in den Gensegmenten für diese Rezeptoren auf, sodass jede Zelle über einen einzigartigen antigenspezifischen T- oder B-Zell-Rezeptor (TZR/BZR) verfügt. Dabei werden auch Rezeptoren mit einer Affinität zu körpereigenen Strukturen generiert (Demengeot, Oltz et al. 1995; Bassing, Swat et al. 2002; Jung and Alt 2004). Um eine autoreaktive Immunantwort dieser Zellen in der Peripherie zu verhindern, muss das Immunsystem eine Selbsttoleranz induzieren. Dies geschieht im Reifungsprozess der Lymphozyten, der einem strengen Selektionsprozess unterliegt (Basten and Brink 2006; Basten and Silveira 2010). Die B-Zellen reifen im Knochenmark aus und kommen dort mit zahlreichen körpereigenen Antigenen in Kontakt. Dabei wird durch somatische Rekombination der VDJ (engl.: Variable, Diverse, and Joining)-Gen-Segmente ein BZR ausgebildet. Die B-Zellen gelangen während ihrer Entwicklung wiederholt durch umliegende Stromazellen in Kontakt mit autologen Antigenen. Dabei erhalten B-Zellen mit einer starken autologen Bindungskapazität die Möglichkeit, durch eine zusätzliche Rekombination der VDJ-Gen-Segmente, diese Affinität zu reduzieren. Dieser Prozess wird als "receptor editing" bezeichnet (Gay, Saunders et al. 1993; Tiegs, Russell et al. 1993). Kann die Affinität durch diesen Prozess nicht reduziert werden, wird die Zelle durch Apoptose, dem programmierten Zelltod, eliminiert. Dieser Prozess wird als klonale Deletion bezeichnet (Nemazee and Burki 1989). Zellen, die keine oder eine schwache Affinität zu autologen Peptiden aufweisen, werden aus dem Knochenmark in die Peripherie entlassen, wo sie zunächst in die äußere periarterielle lymphatische Scheide der Milz migrieren und dort erneut mit körpereigenen Peptiden in Kontakt kommen. Im Falle einer erhöhten Affinität gegenüber autologen Strukturen gehen diese B-Zellen zu Grunde (Cyster, Hartley et al. 1994; Cyster and Goodnow 1995; Fulcher, Lyons et al. 1996). Bei einer schwachen Affinität kann eine Anergie beziehungsweise (bzw.) Ignoranz in den B-Zellen induziert werden (Shlomchik 2008).

1. Einleitung

Wie die naiven reifen B-Zellen, wandern auch schwachaffine B-Zellen, die den Selektionsmechanismen entkommen sind, in die B-Zell-Follikel der Milz. Werden die Lymphozyten dort antigenspezifisch aktiviert, beginnen sie zu proliferieren (klonale Expansion) und sich zu Plasmazellen weiter zu entwickeln (Claassen, Kors et al. 1986; Liu, Oldfield et al. 1988; Matsuno, Ezaki et al. 1989). Ohne zusätzliche Stimulation durch eine Th-Zelle oder TLR abhängige Ko-Stimulation sterben die B-Zellen, unabhängig von ihrer Spezifität, innerhalb von 2-3 Tagen ab (Basten and Brink 2006).

Während die B-Zellen im Knochenmark ausreifen, wandern die T-Zellen von ihrem Bildungsort in den Thymus (Kyewski and Klein 2006), wo sie zunächst proliferieren. Durch komplexe Entwicklungsprozesse und somatische Rekombination der γ-, δ- und β-Gene bilden sich γ:δ T-Zellen und α:β T-Zellen mit einem antigenspezifischen TZR aus (Rothenberg, Moore et al. 2008). Die α:β T-Zellen durchlaufen einen zusätzlichen Reifungsprozess, der sich in positive und negative Selektion unterteilen lässt (Palmer 2003; Starr, Jameson et al. 2003). Die α:β T-Zellen exprimieren zunächst sowohl die Ko-Rezeptoren CD4 als auch CD8. Bei der positiven Selektion treten die T-Zellen mit corticalen Thymus-Epithelzellen in Kontakt, die sowohl MHC-I als auch –MHC-II auf ihrer Oberfläche tragen. Es entwickeln sich nur jene T-Zellen weiter, die in der Lage sind über ihren Ko-Rezeptor eine Bindung mit einem der MHC-Moleküle einzugehen (CD8:MHC-I; CD4: MHC-II). Dabei wird die Expression von jenem Ko-Rezeptor eingestellt, der keine Bindung zum MHC-Molekül eingeht, sodass nur ein Ko-Rezeptor (CD4 oder CD8) dauerhaft von der T-Zelle exprimiert wird. Anschließend treten die T-Zellen in Kontakt mit medullären Thymus-Epithelzellen und APZ. Die Expression des Transkriptionsfaktors AIRE (engl.: autoimmune regulator) (Kyewski and Klein 2006; Taubert, Schwendemann et al. 2007) in den Thymus-Epithelzellen ermöglicht die Expression von organspezifischen Proteinen, wie dem Insulin der Bauchspeicheldrüse oder dem retinalen Interphotorezeptor Retinoid-bindenden Protein (IRBP) des Auges (DeVoss, Hou et al. 2006), sodass auch gegen periphere Peptide Toleranz induziert werden kann. In der folgenden negativen Selektion werden jene Zellen, die eine spezifische Bindung zu den präsentierten körpereigenen Antigenen eingehen, umgehend eliminiert. Die anderen Zellen werden in die Peripherie entlassen. Diese zentralen Toleranzmechanismen gewährleisten, dass T- und B-Zellen mit funktionsfähigem Antigen-Rezeptor in die Peripherie gelangen, der nicht an autologe Strukturen bindet.

1. Einleitung

Trotz dieser strengen Selektionsmechanismen gelangt stets ein geringer Anteil autoreaktiver Lymphozyten in die Peripherie (Wekerle, Bradl et al. 1996; Bouneaud, Kourilsky et al. 2000). Gelangen autoreaktive Lymphozyten in ein entzündliches Milieu, können diese Zellen an Autoimmunantworten beteiligt werden. Um die Aktivierung dieser Zellen zu verhindern oder bereits aktivierte Zellen an der Ausübung ihrer Effektorantwort zu hindern, gibt es ein Kontrollsystem außerhalb von Thymus und Knochenmark, das als periphere Toleranz bezeichnet wird.

1.2.2. Periphere Toleranz

1.2.2.1. Mechanismen

Die autoreaktiven Lymphozyten, die der zentralen Toleranz entgehen, werden durch unterschiedliche Mechanismen der peripheren Toleranz supprimiert, dabei werden die Zellen inaktiviert (Anergie), eliminiert (Apoptose) oder in ihrer Effektorantwort inhibiert (regulatorische T-Zellen).

Unter physiologischen Bedingungen kommen viele autoreaktive T-Zellen kaum mit ihrem Antigen in Kontakt, da die meisten autologen T-Zellepitope in geringen Mengen vorhanden beziehungsweise (bzw.) unzugänglich (z.B. intrazellulär) sind. Dies wird auch als immunologische Ignoranz bezeichnet (Kurts, Sutherland et al. 1999). Im Zuge der natürlichen Gewebehomöostase können diese Antigene vermehrt freigesetzt werden. Um eine Toleranz gegen diese Antigen zu induzieren nehmen DZ das freigesetzte Material auf, wandern zu den Lymphknoten und präsentieren diese Antigene ohne eine zusätzliche Ko-Stimulation. Eine antigenspezifische Bindung autoreaktiver T-Zellen führt, durch die fehlende Ko-Stimulation, zu einer Anergie und damit Inaktivierung der T-Zelle (Huang, Platt et al. 2000). Im Zuge einer Entzündung kann es aufgrund der Gewebezerstörung zu einer erhöhten Exposition von autologen Antigenen kommen, sodass gegen sie eine Toleranz induziert werden muss. In diesem Fall wird eine periphere Toleranzinduktion durch eine transiente Expression von dem Trankriptionsfaktor AIRE, in den Stromazellen der Lymphknoten ermöglicht. Dabei kommt es, wie bei der zentralen Toleranzinduktion (s.1.2.1.), zu einer promiskuitiven Genexpression sonst unzugängliche Autoantigene in den Lymphknoten, sodass autoreaktive T-Zellen spezifisch eliminiert werden können (Lee, Epardaud et al. 2007). Die Inaktivierung autoreaktiver T-Zellen hat einen indirekten Effekt auf autoreaktive B-Zellen, da diese zur Aktivierung die Hilfe von Th-Zellen benötigen (Basten and Brink 2006).

1. Einleitung

Neben den peripheren Toleranzmechanismen, die darauf abzielen, autoreaktive T-Zellen bereits vor ihrer Aktivierung unschädlich zu machen, besteht die Möglichkeit, bereits aktivierte autoreaktive T-Zellen abzuschalten und einen Angriff auf körpereigenes Gewebe zu unterbinden. Dies ist die Aufgabe von regulatorischen T-Zellen. Dazu zählen NKT-Zellen (Bendelac, Bonneville et al. 2001), intra epitheliale Darm $CD8\alpha\alpha^+$ γδ-T-Zellen (Hayday, Theodoridis et al. 2001; Locke, Stankovic et al. 2006), $CD8^+CD122^+$ T-Zellen (Dai, Wan et al. 2010) sowie $CD4^+$ und $CD8^+$ natürliche regulatorische T-Zellen (nTreg) (Sakaguchi, Sakaguchi et al. 1995; Itoh, Takahashi et al. 1999).

Da die Aktivität autoreaktiver T-Zellen in der Peripherie maßgeblich durch $CD4^+CD25^+$ nTreg kontrolliert wird (Sakaguchi, Sakaguchi et al. 1995; Suri-Payer, Amar et al. 1998; Baecher-Allan, Brown et al. 2001) und diese am besten in der Literatur beschrieben sind, wird im Folgenden gesondert auf diese Zellpopulation eingegangen.

1.2.2.2. $CD4^+CD25^+$ Regulatorische T-Zellen

1.2.2.2.1. Phänotyp

In experimentellen Studien, in denen bei 2-3 Tage alten Mäusen eine Thymektomie durchgeführt wurde, wurde die Entwicklung von schweren Autoimmunerkrankungen beobachtet (Kojima, Tanaka-Kojima et al. 1976; Taguchi and Nishizuka 1980; Taguchi, Nishizuka et al. 1980). Dieser Prozess konnte durch den adoptiven Transfer allogener Splenozyten naiver, adulter Mäuse inhibiert werden (Taguchi and Nishizuka 1980). Eine Studie von Sakaguchi *et al.* zeigte, dass die Depletion von $CD5^+$ Zellen die immuninhibitorische Eigenschaft dieser Splenozyten aufhob, sodass eine Population immunregulativer T-Zellen in der $CD5^+$ Zellpopulation vermutet wurde (Sakaguchi, Takahashi et al. 1982). Desweiteren wurde beobachtet, dass sowohl die autoreaktiven, als auch die regulatorischen T-Zellen zu den $CD4^+$ T-Zellen zählen (Smith, Sakamoto et al. 1991; Smith, Lou et al. 1992). In einer weiteren Arbeit von Sakaguchi *et al.* konnte der Phänotyp dieser regulatorischen Zellpopulation erstmals als $CD4^+CD25^+$ T-Zellen charakterisiert werden (Sakaguchi, Sakaguchi et al. 1995). Nach diesem Durchbruch folgten zahlreiche Studien bei denen ermittelt wurde, dass die $CD4^+CD25^+$ regulatorischen T-Zellen zwischen 5 und 10 % der $CD4^+$ Zellen in Maus und Menschen ausmachen (Sakaguchi, Sakaguchi et al. 1995; Baecher-Allan, Brown et al. 2001; Maloy and Powrie 2001; Shevach, McHugh et al. 2001; Baecher-Allan, Brown et al. 2003).

1. Einleitung

Eine eindeutige Identifizierung regulatorischer T-Zellen gelingt durch diesen Marker alleine jedoch nicht, da CD25 auch nach Aktivierung in naiven CD4$^+$ T-Zellen exprimiert wird. Erst die genetische Analyse des IPEX Syndroms (engl.: Immune dysregulation, Polyendocrinopathy, Enteropathy, X-linked) beim Menschen und der analogen Erkrankung in *scurfy* Mäusen brachte den entscheidenden Fortschritt. Bei beiden Erkrankungen kommt es bereits im jungen Alter zur Ausbildung von organspezifischen Autoimmunerkrankungen, was auf einen Defekt in dem FoxP3- (engl.: forkhead-box-protein P3) Gen beruht (Bennett, Christie et al. 2001; Brunkow, Jeffery et al. 2001). Bei FoxP3 handelt es sich um einen Transkriptionsfaktor der in CD4$^+$CD25$^+$ T-Zellen, nicht aber in CD4$^+$CD25$^-$ T-Zellen exprimiert wird (Fontenot, Gavin et al. 2003; Hori, Nomura et al. 2003; Khattri, Cox et al. 2003). Zudem stehen die suppressiven Eigenschaften von CD4$^+$CD25$^+$ T-Zellen in direktem Zusammenhang mit der Expression von FoxP3 (Fontenot, Gavin et al. 2003; Hori, Nomura et al. 2003). So können z.B. CD4$^+$CD25$^-$ T-Zellen durch die ektopische Expression von FoxP3 zu CD4$^+$CD25$^+$ Zellen mit suppressiven Eigenschaften konvertiert werden (Fontenot, Gavin et al. 2003; Khattri, Cox et al. 2003; Fontenot, Rasmussen et al. 2005). Dabei interkaliert FoxP3 mit den Transkriptionsfaktoren NFAT (engl. Nuclear factor of activated T-cells), NF-κB (engl.: nuclear factor 'kappa-light-chain-enhancer' of activated B-cells), behindert die Expression der proinflammatorischen Zytokine wie z.B. Interleukin (IL)-2 und IFNγ und inhibiert dadurch die Effektorfunktion der T-Zellen grundlegend (Bettelli, Dastrange et al. 2005). Desweiteren behindert FoxP3 die Ausbildung des Th17-Phänotyps in CD4$^+$ T-Zellen, der oftmals an der Immunantwort bei Autoimmunerkrankungen beteiligt ist, indem es die Bindungsstelle für den Th17-spezifischen Transkriptionsfaktor RORγt blockiert (Bettelli, Dastrange et al. 2005; Bettelli, Carrier et al. 2006; Ichiyama, Yoshida et al. 2008; Zhou, Lopes et al. 2008).

Da FoxP3 ausschließlich in regulatorischen T-Zellen exprimiert wird, lassen sich sowohl murine als auch humane regulatorische T-Zellen dadurch eindeutig von den konventionellen CD4$^+$CD25$^-$ T-Zellen abgrenzen (Fontenot, Gavin et al. 2003; Fontenot, Rasmussen et al. 2005). Um FoxP3 für die durchflusszytometrische Analyse intrazellulär anzufärben ist eine Fixierung der Zellen notwendig, was die Isolation der Zellen für weitere Funktionsassays ausschließt. Daher wurde intensiv nach anderen Oberflächenmarkern zur Identifikation von regulatorischen T-Zellen gesucht.

1. Einleitung

Neben der erhöhten Expression des hochaffinen IL-2 Rezeptors (CD25) zeichnen sich die Zellen durch die konstitutive Expression von CD44 (Liu, Soong et al. 2009), CD54 (Itoh, Takahashi et al. 1999), OX40 (McHugh, Whitters et al. 2002), L-Selektin (Lepault and Gagnerault 2000), Glucokortikoid-induzierter TNF-Rezeptor (GITR) (McHugh, Whitters et al. 2002), Neuropilin-1 (McHugh, Whitters et al. 2002; Shimizu, Yamazaki et al. 2002), LAG-3 (engl. lymphocyte-activation gene 3) (Huang, Workman et al. 2004) und dem zytotoxischen Lymphozytenantigen-4 (CTLA-4; engl.: Cytotoxic T-Lymphocyte Antigen 4) aus (Read, Malmstrom et al. 2000; Takahashi, Tagami et al. 2000). In weiteren Studien wurde die Oberflächenexpression von GARP (engl.: glycoprotein A repetitions predominant) als Marker für aktivierte regulatorische T-Zellen im Mensch und in der Maus identifiziert (Probst-Kepper, Balling et al.; Probst-Kepper and Buer; Probst-Kepper, Geffers et al. 2009). Bei den hier aufgeführten Molekülen handelt es sich jedoch um Oberflächenmarker, die auch in CD4⁺ T-Zellen, ohne regulatorischen Phänotyp, hochreguliert werden können und eignen sich demnach nicht für eine eindeutige Determinierung der regulatorischen T-Zellpopulation. Ausschließlich humane CD4⁺CD25⁺ Treg zeichnen sich zusätzlich durch eine fehlende Oberflächenexpression von dem IL-7 Rezeptor (CD127) aus (Liu, Putnam et al. 2006) und können somit auch ohne zusätzliche Detektion von FoxP3 identifiziert und für Funktionsassays isoliert werden.

1.2.2.2.2. Wirkmechanismus

Eine Depletion von CD4⁺CD25⁺ regulatorischen T-Zellen in immunkompetenten Mäusen führt nach kurzer Zeit zur Entwicklung schwerer organspezifischer Autoimmunerkrankungen (Sakaguchi, Sakaguchi et al. 1995). Dies trifft ebenfalls auf Mäuse zu, die kein FoxP3 (Brunkow, Jeffery et al. 2001) exprimieren. Diese Studien deuten darauf hin, dass regulatorische T-Zellen eine bedeutende Funktion in dem Gleichgewicht zwischen Toleranz und Autoimmunität einnehmen. Die CD4⁺CD25⁺ regulatorischen T-Zellen besitzen im Vergleich zu CD4⁺CD25⁻ T-Zellen eine hohe Affinität für körpereigene Peptide und entstehen aus den Zellen, die im Thymus der negativen Selektion entgehen (Sakaguchi, Hori et al. 2003). Sie werden auch als natürliche regulatorische T-Zellen (nTreg) bezeichnet. Die Aktivierung der nTreg erfolgt antigenspezifisch über den TZR (Shevach 2002). Die anschließende Immunsuppression erfolgt dagegen unabhängig von der Antigenspezifität der Effektor-T-Zellen (Thornton and Shevach 1998; Thornton and Shevach 2000).

1. Einleitung

In der Peripherie üben nTreg durch direkten Zell-Zell-Kontakt oder durch die Freisetzung der Zytokine IL-10 und TGFβ (engl.: transforming growth factor beta) eine Suppressorfunktion auf T- und B-Zellen aus und werden als Träger *dominanter Toleranz* bezeichnet (von Boehmer and Melchers 2010). Bei der nTreg vermittelten Immunsuppression wird die IL-2 Transkription in T-Zellen und der Immunglobulin (IgG)-Klassenwechsel in B-Zellen unterbunden (Sakaguchi, Sakaguchi et al. 1995; Lim, Hillsamer et al. 2005). Das auf nTreg befindliche Oberflächenmolekül, welches die Suppression durch den direkten Zell-Zell-Kontakt vermittelt, ist nicht bekannt. Dem oberflächengebundenen TGFβ (Annunziato, Cosmi et al. 2002) und dem CTLA-4 (Read, Malmstrom et al. 2000) werden dabei jedoch wichtige Funktionen zugewiesen.

1.2.2.2.3. Induzierte regulatorische T-Zellen

Neben der Inhibition sind nTreg in der Lage, Effektor-T-Zellen in Zellen mit einem regulatorischen Phänotyp, den Tr1- oder Th3-Zellen zu differenzieren (Zelenika, Adams et al. 2001; Dieckmann, Bruett et al. 2002; Jonuleit, Schmitt et al. 2002; Roncarolo, Gregori et al. 2003; Dieckmann, Plottner et al. 2005; Roncarolo, Gregori et al. 2006). Die induzierten regulatorischen T-Zellen sind von den nTreg phänotypisch nicht zu unterscheiden, abweichend zeichnen sich Tr1-Zellen durch eine variierende FoxP3-Expression aus (Jonuleit and Schmitt 2004). Die induzierten Treg unterscheiden sich ausschließlich durch ihren Wirkmechanismus von den nTreg: So verfügen Tr1- und Th3-Zellen nicht über die Fähigkeit eine zellkontaktvermittelte Immunsuppression auszuüben, sondern ausschließlich durch die Freisetzung immunsupprimierender Zytokine (Weiner 2001; Dieckmann, Bruett et al. 2002; Levings, Sangregorio et al. 2002; Cottrez and Groux 2004). Dabei zeichnen sich Tr1-Zellen durch eine erhöhte Sezernierung von IL-10 (Groux, O'Garra et al. 1997; Levings, Bacchetta et al. 2002; Roncarolo, Gregori et al. 2006) und Th3-Zellen durch eine erhöhte TGF-β-Sezernierung aus (Weiner 2001). Das Phänomen der peripheren Induktion regulatorischer T-Zellen wird als *infektiöse Toleranz* bezeichnet (Jonuleit, Schmitt et al. 2002). Auf diesen Mechanismus beruht sowohl die orale Toleranzinduktion als auch die periphere Toleranzinduktion durch den ACAID (engl.: "anterior chamber associated immune deviation) Mechanismus (s. 1.4.).

1. Einleitung

Bei der oralen Toleranzinduktion werden durch die perorale Gabe von Antigen (z.B. S-Antigen, Myelin-Basisches-Protein) in der Darmmukosa Th3-Zellen induziert, die eine antigenspezifische Immunantwort bei einer nachfolgenden Immunisierung mit dem gleichen Antigen verhindern, sodass z.b. die Auslösung einer experimentellen autoimmunen Uveoretinitis (EAU) oder einer experimentellen autoimmunen Encephalomyelitis (EAE) inhibiert werden kann (Thurau, Chan et al. 1991; Chen, Kuchroo et al. 1994). Hingegen werden bei dem ACAID-Mechanismus durch die Injektion eines Antigens in die vordere Augenkammer antigenspezifische regulatorische T-Zellen in der Milz induziert, sodass durch die Immunisierung mit dem vorher intraokular injizierten Antigen keine antigenspezifische Effektorantwort initiiert werden kann (Roberge, de Kozak et al. 1989; Hara, Caspi et al. 1992).

Der unterliegende Mechanismus der Konversion konventioneller T-Zellen zu regulatorischen T-Zellen ist weitgehend ungeklärt. Neben dem Zytokinmilieu (Chen, Frank et al. 2001) sind APZ wie tolerogene DZ *in vivo* von entscheidender Relevanz. Regulatorische T-Zellen sind in der Lage Zell-Zell-Kontakt abhängig einen tolerogenen Phänotyp in DZ zu induzieren, indem sie die Reifung und Antigenpräsentation unreifer DZ behindern (Taams, van Rensen et al. 1998; Min, Zhou et al. 2003). Dieser Prozess wird durch die Produktion der tolerogenen Zytokine IL-10 und TGF-β unterstützt (Misra, Bayry et al. 2004). Ebenfalls wird dabei die autokrine Expression von IL-10 in den DZ induziert (Corinti, Albanesi et al. 2001) und ermöglicht es den tolerogenen DZ, auch ohne Anwesenheit von nTreg, Tr1- und Th3-Zellen zu induzieren (Chen, Kuchroo et al. 1994; Jonuleit, Schmitt et al. 2001; Chen, Jin et al. 2003).

1.3. Autoimmunerkrankungen

Sind die Mechanismen der zentralen oder peripheren Toleranz gestört, können autoreaktive Immunantworten ungehindert ablaufen. Man unterscheidet dabei zwischen organspezifischen und systemischen Autoimmunerkrankungen, wobei auch intermediäre Erkrankungen auftreten können. Zu den organspezifischen Autoimmunerkrankungen zählt die autoimmune Uveitis, die oftmals in Assoziation zu systemischen Erkrankungen, wie der rheumatoiden Arthritis oder der multiplen Sklerose (Rucker 1950; Archambeau, Hollenhorst et al. 1965) auftreten kann.

Bei Autoimmunerkrankungen erkennen T- oder B-Lymphozyten körpereigene Zielstrukturen als fremd, werden aktiviert und initiieren eine Immunantwort gegen diese körpereigene Struktur.

1. Einleitung

Dies führt zur Schädigung des betroffenen Organs und kann sich unbehandelt bis zur vollständigen Zerstörung der Zielstruktur fortsetzen.

Die genaue Ursache von Autoimmunerkrankungen ist ungeklärt. Wahrscheinlich ist, dass Autoimmunerkrankungen durch genetische Dispositionen in Kombination mit äußeren Umwelteinflüssen erworben werden. Die genetische Veranlagung beruht unter anderem auf unterschiedlichen MHC-Molekül Varianten. So steht die humane anteriore Uveitis in Verbindung mit dem HLA-B27-Molekül (Vadot 1987; Smith 2002). Jeder MHC-Haplotyp bestimmt individuell, welche und wie viele Antigenfragmente den Lymphozyten präsentiert werden. Einige MHC-Haplotypen präsentieren Erreger-Bestandteile, die körpereigenen Strukturen ähneln und lösen dadurch eine autoreaktive Immunreaktion aus, die auf einer molekularen Mimikry zwischen pathogener und körpereigener Struktur beruht. Für das HLA-B27-Molekül ist z.B. eine molekulare Mimikry zwischen der Darmmikrobe Klebsiella und dem humanen Collagen-Typ-I, -III und -IV beschrieben worden (Ebringer and Rashid 2007). Eine experimentelle Arbeit von Wildner *et al.* zeigte, dass uveitogenes Antigen durch mehrere Mimitope bakteriellen, viralen oder körpereigenen Ursprungs imitiert werden können (Wildner and Diedrichs-Moehring 2005). Desweiteren wird das sogenannte *Epitop-Spreading* für den chronischen Verlauf von Autoimmunerkrankungen verantwortlich gemacht, der darauf beruht, dass bei Entzündungsprozessen autologe Antigene freigesetzt werden. Diese freigesetzten Antigene können neue Epitope beinhalten, welche als pathogen identifiziert werden und zusätzliche autoreaktive Lymphozyten aktivieren können (Tuohy, Fritz et al. 1994; Vanderlugt and Miller 1996).

1.4. Das Immunprivileg des Auges

Das Immunprivileg des Auges wurde 1948 von Medawar beschrieben. Er beobachtete ein verlängertes Transplantatüberleben bei allogenem kutanen Gewebe in der Vorderkammer des Auges, im Vergleich zur Transplantation in subkutanes Gewebe (Medawar 1948).

Um sich von der Peripherie abzugrenzen zeichnet sich das Auge durch eine fehlende Lymphdrainage aus. Desweiteren verfügt das Auge über eine Blut-Kammer-Wasser- und eine Blut-Retina-Schranke. Diese Schrankensysteme sind durch Endothelien charakterisiert, deren Zellen durch "tight junctions" in engem Kontakt miteinander stehen.

1. Einleitung

Dadurch wird das ungehinderte Eindringen von naiven Lymphozyten, Antikörpern und Komplementfaktoren, die in der Peripherie frei zirkulieren und eine Immunantwort auslösen könnten, unterbunden. Nur bereits aktivierte T-Zellen sind in der Lage, diese Barrieren zu überwinden, indem sie über Integrine wie VLA-4 (engl.: very late antigen-4) mit dem entsprechenden Integrin-Rezeptor VCAM-1 (engl.: vascular cell adhesion molecule 1) auf Endothelzellen in Kontakt treten und in das intraokulare Gewebe transmigrieren. Diese Zellen erfahren jedoch aufgrund der geringen MHCI/ II Expression im Auge keine ausreichende Restimulation, die für die Auslösung einer Entzündungskaskade notwendig ist (Abi-Hanna and Wakefield 1988; Abi-Hanna, Wakefield et al. 1988; Niederkorn 2002). So bilden die Endothelzellen der Kornea und die Zellen der neuralen Retina kein MHC-I, um sich vor einer Lyse durch zytotoxische $CD8^+$T-Zellen, während einer Virusinfektion, zu schützen (Le Bouteiller 1994). Die Expression von MHC-II-Molekülen spielt bei der Restimulation von $CD4^+$ T-Zellen eine entscheidende Rolle. Es konnte gezeigt werden, dass retinale Pigmentepithel (RPE)-Zellen nach Aktivierung mit Interferon (IFN) in der Lage sind MHC-II-Moleküle verstärkt auf ihrer Oberfläche zu exprimieren, was eine erfolgreiche Restimulation von T-Zellen ermöglichen kann (Forrester, McMenamin et al. 1994; Osusky, Dorio et al. 1997; Sun, Enzmann et al. 2003). Andererseits ist beschrieben worden, dass eine MHC-II-vermittelte Antigenpräsentation durch RPE-Zellen zu einer Induktion von Anergie in den antigenspezifischen T-Zellen führt, was gegebenenfalls auf eine fehlende Ko-Stimulation zurückgeführt werden könnte (Gregerson, Heuss et al. 2007). Neben der unzureichenden Restimulation gibt es zahlreiche im Auge zirkulierende lösliche Faktoren, die entzündliche Prozesse der angeborenen und adaptiven Immunantwort inhibieren. So wird beispielsweise die antigenspezifische Proliferation von Effektor-T-Zellen durch das Neuropeptid Somatostatin (Taylor and Yee 2003) und die Expression proinflammatorischer Zytokine durch das lösliche „α-melanocyte-stimulating hormone" (α-MSH) inhibiert. Die PMN werden ebenfalls durch α-MSH (Taylor 1999) und durch den löslichen CD95 Ligand (CD95L) (Gregory, Repp et al. 2002) an der Ausübung ihrer Effektorfunktion gehindert.

Neben den löslichen Faktoren spielen Zelloberflächen-gebundene Faktoren bei der Aufrechterhaltung des Immunprivilegs eine wichtige Rolle. Das okuläre Gewebe verfügt über ein breites Spektrum an inhibitorischen Komplement-regulierenden Rezeptoren wie dem CD59 (Bora, Gobleman et al. 1993; Sohn, Kaplan et al. 2000; Sohn, Kaplan et al. 2000).

1. Einleitung

Die erhöhte Oberflächenexpression von CD95L und "tumor necrosis factor-related apoptosis inducing-ligand" (TRAIL) ermöglichen die direkte Induktion des Zelltodes (Apoptose) in Lymphozyten (Griffith, Brunner et al. 1995; Jorgensen, Wiencke et al. 1998; Lee, Herndon et al. 2002; Wang, Boonman et al. 2003).

Neben einer effektiven Inhibierung und Eliminierung von Effektorzellen spielt die lokale Toleranzinduktion für die Aufrechterhaltung des okulären Immunprivilegs eine übergeordnete Rolle. So konvertieren die löslichen Faktoren α-MSH und TGF-β_2 CD4+ Effektor-T-Zellen in T-Zellen mit regulatorischem Phänotyp (Namba, Kitaichi et al. 2002). Der Ko-Stimulator B7-2 (CD86), der auch auf Iris-Pigmentzellen exprimiert wird, kann durch einen CTLA-4-vermittelten Zell-Zell-Kontakt die Proliferation von T-Zellen inhibieren und einen regulatorischen Phänotyp in den T-Zellen induzieren (Yoshida, Takeuchi et al. 2000).

Die periphere Toleranz okulärer Antigene wird durch den ACAID Mechanismus gesichert (Streilein, Wilbanks et al. 1992; Streilein 1993; Streilein 1993). Dabei werden Antigene, die in die Vorderkammer (Kaplan and Streilein 2007), den Vitreus (Jiang, Jorquera et al. 1993) oder in den subretinalen Raum (Wenkel and Streilein 1998) gelangen, durch APZ aufgenommen und in die Milz transportiert. Dort werden antigenspezifische regulatorische T-Zellen induziert, die eine antigenspezifische Toleranz vermitteln. Dabei wird zwischen afferenten CD4+ und efferenten CD8+ Treg unterschieden. Die CD4+ Treg verhindern die initiale Aktivierung von T-Zellen und deren Entwicklung zu Effektor-T-Zellen in den sekundären lymphoiden Organen, wohingegen die CD8+ Treg die lokale Effektorantwort hemmen (Stein-Streilein and Streilein 2002; Streilein, Masli et al. 2002; Skelsey, Mayhew et al. 2003). Dieser Mechanismus wurde bisher beim Menschen noch nicht sicher nachgewiesen, dennoch deuten experimentelle Beobachtungen auf eine induzierbare Immundeviation in Primaten hin (Eichhorn, Horneber et al. 1993).

1.5. Uveitis

Eine Uveitis bezeichnet die Entzündung des Augeninneren unter der Beteiligung der gefäßführenden Schichten wie der Iris, des Ziliarkörpers und der Aderhaut. Nach den Richtlinien der International Uveitis Study Group (IUSG) erfolgt eine anatomische Einteilung nach dem Entzündungsschwerpunkt in eine anteriore, intermediäre, posteriore Uveitis oder Panuveitis. Die Inzidenz einer Uveitis liegt bei 10-50/100.000 Einwohnern pro Jahr. Es handelt sich dabei häufig um akute anteriore Uveitiden (Darrell, Wagener et al. 1962; Vadot 1992; Smit, Baarsma et al. 1993). Die Bewertung der Entzündungsaktivität in der vorderen Augenkammer wird auf einer Skala von null bis vier durchgeführt. Zudem kann die Erkrankung hinsichtlich ihres langsamen oder plötzlichen Auftretens, einer kurzen (< 3 Monate) oder langen Dauer (> 3 Monate), einem akuten, rezidivierenden oder chronischen Verlauf klassifiziert werden (Bloch-Michel and Nussenblatt 1987; Jabs, Nussenblatt et al. 2005). Desweiteren wurden Richtlinien zur klinischen Einteilung entwickelt. Demnach wird in infektiöse, also durch Bakterien, Viren, Pilze, Protozoen oder Parasiten ausgelöste Entzündung, und nicht-infektiöse Uveitiden unterschieden, denen eine traumatische Augenverletzung, eine maligne Erkrankung oder eine Assoziation zu einer Systemerkrankung (z.B. Sarkoidose, Spondylitis ankylosans, Juvenile Idiopathische Arthritis oder Multiple Sklerose (MS)) zu Grunde liegen können (Deschenes, Murray et al. 2008). Eine eindeutige pathogenetische Zuordnung ist jedoch häufig nicht möglich (Suttorp-Schulten and Rothova 1996).

Besonders bei chronisch-rezidivierenden Uveitisformen können neben der Zerstörung der Netzhaut durch die Infiltration von Entzündungszellen weitere Komplikationen wie der Katarakt, die proliferative Vitreoretinopathie, das Sekundärglaukom, das zystoide Makulaödem oder die exsudative Netzhautablösung auftreten (Suttorp-Schulten and Rothova 1996; Rothova, Berendschot et al. 2004; Tugal-Tutkun, Onal et al. 2004; Vidovic-Valentincic, Kraut et al. 2009). Da es sich dabei um schwerwiegende Komplikationen handelt, die überwiegend im Zuge der posterioren Uveitis auftreten, werden 10-15 % aller Erblindungen in den USA auf eine posteriore Uveitis zurückgeführt (Darrell, Wagener et al. 1962; Nussenblatt 1990).

1.6. Therapiemöglichkeiten

Um die infektiösen Uveitisformen zu behandeln, kann auf eine medikamentöse Therapie zurückgegriffen werden, die spezifisch auf den Erreger abgestimmt ist. Da die Ursachen der nicht-infektiösen Uveitiden in den meisten Fällen unbekannt sind, werden zuerst unspezifische anti-inflammatorische Therapien eingesetzt. Demnach werden die Patienten entsprechend dem Entzündungsschwerpunkt im Auge lokal (Augentropfen, Injektionen am und im Auge) oder systemisch mit Kortikosteroiden behandelt. Bei längerer Behandlung und in hoher Dosierung steigt individuell das Risiko unerwünschter Nebenwirkungen, sodass gegebenenfalls steroidsparende immunsupprimierende Substanzen eingesetzt werden.

Gegenwärtig ist Cyclosporin A (CsA) das einzig offiziell zugelassene Medikament bei der Behandlung von Uveitis Patienten (Dassinger, Dootz et al. 2009). Bei CsA handelt es sich um ein wichtiges Immunsuppressivum, welches überwiegend in der Transplantationsmedizin (Whiting, Woo et al. 1991) aber auch bei der Behandlung von Autoimmunerkrankungen wie der Multiplen Sklerose und der Uveitis zum Einsatz (BenEzra, Cohen et al. 1988; Kulkarni 2001) kommt. Dabei inhibiert CsA die IL-2-abhängige Proliferation in T-Zellen, indem es den Calcineurin-Signalweg unterbricht und einen Zellzyklusarrest von der G0 zur G1 Phase unterbricht. Calcineurin aktiviert den im Zytosol befindlichen Transkriptionsfaktor NF-κB. Ohne dessen Aktivierung werden Gene, die für die Proliferation und Effektorfunktion von T-Zellen essentiell sind, nicht transkribiert (Allison 2000; Halloran 2004). Somit ist eine TZR-abhängige Aktivierung der Zellen nicht mehr möglich und eine Proliferation z.B. von Effektor-T-Zellen wird unterbunden. Diese suppressive Wirkung betrifft jedoch auch regulatorische T-Zellen (s. 1.2.2.2.), die für die Aufrechterhaltung der peripheren Toleranz von großer Relevanz sind und deren Funktionalität innerhalb der Autoimmunerkrankung bereits beeinträchtigt ist (Kekalainen, Tuovinen et al. 2007; Valencia, Yarboro et al. 2007). Um diese Funktionalität wiederherzustellen bzw. zu unterstützen, erscheint eine Therapie mit CsA ungeeignet. Aufgrund der schwerwiegenden Nebenwirkungen von CsA wie Nephro- (Palestine, Austin et al. 1986) und Neurotoxizität (Deierhoi, Kalayoglu et al. 1988; Vazquez de Prada, Martin-Duran et al. 1990) sowie Hypertension (Textor, Canzanello et al. 1994; Taler, Textor et al. 1999), ist es für eine Langzeitbehandlung weniger geeignet. Überdies gibt es Patienten, deren okuläre Entzündung sich mit der CsA-Behandlung nicht kontrollieren lässt (Tappeiner, Roesel et al. 2009).

1. Einleitung

Andere Medikamente, dazu gehören Alkylanzien (Cyclophosphamid; Chlorambucil), Antimetabolite (Methotrexat) und Nukleosidanaloga (Azathioprin), kommen alternativ zum Einsatz. Auch bei diesen Medikamenten sind Toxizität und entsprechende unerwünschte Wirkungen zu beobachten (Van Gelder and Kaplan 1999). Es ist demnach notwendig nach anderen Pharmazeutika zu suchen, die sich als Mono- oder Kombinationstherapie z.B. mit CsA eignen könnten. Dazu stehen vielfältige Biologika zur Verfügung, die das Voranschreiten einer bestehenden Entzündung (TNFα: Infliximab; IL-17: AIN457; IL-6: Tocilizumab), der Rekrutierung weiterer Entzündungszellen zum Entzündungsort (VLA-4 und VCAM: Natalizumab), die Antigen-Präsentation und die Aktivierung (CTLA-4: Abatacept), die Proliferation und das Überleben (IL-2/CD25R: Daclizumab) von T-Zellen sowie die Effektorfunktionen von B-Zellen (CD20: Rituximab) hemmen (Heiligenhaus, Thurau et al. 2010). Die gegenwärtige Entwicklung bei der Behandlung chronischer intraokularer Entzündungen bewegt sich, ausgehend von der systemischen Immunsuppression, hin zu einer lokalen Immunmodulation. Dabei sollen im oder am Auge platzierte Depots eine längerfristige Wirkstofffreisetzung am Ort der Entzündung ermöglichen. Damit sollen eine verminderte systemische Immunsuppression und geringere Nebenwirkungen während einer Langzeittherapie erzielt werden.

1.7. Everolimus

Um eine Effektor-T-Zellantwort effektiv zu unterbinden, bieten sich „mammalian Target of Rapamycin" (mTor) Inhibitoren als Alternative zu CsA an. Dazu gehört Rapamycin, das bereits weite Anwendung in der Transplantationsmedizin findet (Granger, Cromwell et al. 1995; Kahan 1997; Groth, Backman et al. 1999; Chen, Sun et al. 2008). Die m-Tor Inhibitoren binden intrazellulär an das zytoplasmatische FKBP12 (Schuler, Sedrani et al. 1997). Im Folgenden bindet dieser Komplex an die Proteinkinase mTor und führt zu deren reversiblen Inhibition, ohne dabei den TZR-Signalweg zu beeinflussen (Chen 2004). Bei der mTor-Inhibition kommt es zu einer Inhibition IL-2- und CD28-abhängiger Signalwege (Kuo, Chung et al. 1992; Lai and Tan 1994; Makrigiannis and Hoskin 1997). Dadurch wird die IL-2- und IL-15-induzierte Signaltransduktion in T- und B-Zellen blockiert, was zu einem Zell-Zyklus-Arrest in der G1-Phase führt (Schuler, Sedrani et al. 1997; Schuurman, Cottens et al. 1997).

1. Einleitung

Für mTor-Inhibitoren sind im Allgemeinen weniger schwere Nebenwirkungen, insbesondere bezüglich der Nephrotoxizität, beschrieben als für CsA (Whiting, Adam et al. 1991). Everolimus, ein Derivat von Rapamycin, gehört ebenfalls zu den m-Tor-Inhibitoren und wird bereits erfolgreich in der Transplantationsmedizin eingesetzt, da es ein hohes Potential hat, T-Zell-vermittelte Transplantatabstoßungen zu unterdrücken (Schuurman, Schuler et al. 1998; Schuurman, Ringers et al. 2000). Es zeichnet sich gegenüber dem Rapamycin durch eine zusätzliche Hydroxylgruppe aus, was die Polarität des Moleküls verstärkt und damit die Bioviabilität erhöht (Schuler, Sedrani et al. 1997). Desweiteren zeichnet sich Everolimus durch ein schnelleres Erreichen des „steady-state" Levels (Everolimus: 7 Tage; Rapamycin 13 Tage), einer kürzeren Halbwertszeit (Everolimus: 6-18 h; Rapamycin 60 h) (Crowe, Bruelisauer et al. 1999; Neumayer, Paradis et al. 1999; Kovarik, Kahan et al. 2001; Augustine and Hricik 2004; Kirchner, Meier-Wiedenbach et al. 2004) und geringeren Nebenwirkungen aus (Lieberthal, Fuhro et al. 2001; Tenderich, Fuchs et al. 2007). Zudem erhöht Everolimus, in Kombinationstherapie mit CsA, die Effizienz der Immunsuppression (Schuurman, Cottens et al. 1997) und reduziert die Toxizität von CsA, wogegen Rapamycin diese noch verstärkt (Serkova, Jacobsen et al. 2001). In Kombinationstherapie mit Everolimus kann zudem die Dosis von CsA deutlich reduziert werden, was das Risiko der Entwicklung bekannter Nebenwirkungen deutlich vermindert (McMahon, Luo et al. 2000; Nashan, Curtis et al. 2004). Dies sind entscheidende Vorteile bei der klinischen Anwendung von Everolimus. Es sind geringere Dosen notwendig und das Medikament wird nach dem Absetzen rasch aus dem Körper eliminiert, was im Falle von Komplikationen von großem Vorteil sein kann. Aus den genannten Gründen erscheint eine Anwendung von Everolimus bei Uveitis-Patienten erfolgversprechend und könnte eine mögliche Alternative gegenüber der Behandlung mit CsA oder ein gutes additives Medikament darstellen..

1.8. Experimentelle Autoimmune Uveoretinitis (EAU)

Um neue therapeutische Ansätze für die Behandlung der humanen Uveitis zu entwickeln, stehen unterschiedliche experimentelle Tiermodelle mit einer zur humanen Erkrankung ähnlichen Pathologie zur Verfügung:

Die Endotoxin-induzierte anteriore Uveitis (EIU) dient als Modell für die humane anteriore Uveitis (Rosenbaum, McDevitt et al. 1980). Die EIU ist in Ratten und Mäusen durch die intraokulare (Forrester, Worgul et al. 1980) oder systemische Injektion von LPS induzierbar (Rosenbaum, McDevitt et al. 1980; Bhattacherjee, Williams et al. 1983). Dabei wird eine unspezifische Immunantwort induziert, die bereits wenige Stunden nach der LPS-Injektion beginnt, nach 24- 48 h am stärksten und nach 96 h bereits deutlich abgeschwächt ist (Rosenbaum, McDevitt et al. 1980). Die Pathogenese der EIU ist durch eine Vasodilatation der Iris (Bhattacherjee, Williams et al. 1983) sowie vaskuläre Veränderungen des Ziliarkörpers (Okumura, Mochizuki et al. 1990) charakterisiert. Zudem zeichnet sie sich durch eine erhöhte vaskuläre Permeabilität und damit verbunden einen Zusammenbruch der Blut-Vorderkammerwasser-Schranke aus (Forrester, Worgul et al. 1980; Rosenbaum, McDevitt et al. 1980; Bhattacherjee, Williams et al. 1983; de Vos, Klaren et al. 1994). Dadurch kommt es zu einem starken zellulären Infiltrat bestehend aus Monozyten/ Mφ und PMN (Forrester, Worgul et al. 1980; Rosenbaum, McDevitt et al. 1980; Bhattacherjee, Williams et al. 1983). Neben TNFα spielen die proinflammatorischen Zytokine IL-1 und IL-6 eine wichtige Rolle in der Pathogenese der Erkrankung (Hoekzema, Murray et al. 1991; Ohta, Yamagami et al. 2000).

Die experimentelle autoimmune Uveoretinitis (EAU), die sowohl in Mäusen als auch Ratten induzierbar ist, dient als Modell für die humane posteriore Uveitis (Forrester, Liversidge et al. 1990). Die EAU kann durch die *Immunisierung* mit retinalem Autoantigen wie z.B. S-Antigen oder IRBP, oder durch den *adoptiven Transfer* uveitogener T-Zellen induziert werden (Mochizuki, Kuwabara et al. 1985; Caspi, Chan et al. 1990; Caspi, Chan et al. 1990; Chan, Caspi et al. 1990; Xu, Wawrousek et al. 2000). Die Induktion der intraokularen Entzündung wird dabei von $CD4^+$ T-Zellen mediiert (Caspi, Roberge et al. 1986; Atalla, Linker-Israeli et al. 1990; Rizzo, Silver et al. 1996). Die pathologischen Veränderungen der Netzhaut, wie dem zellulären Infiltrat in Retina und Glaskörper, die Bildung von granulomatösem und fibrotischem Gewebe sowie die Faltung und Ablösung der Netzhaut (Caspi, Roberge et al. 1988) sind jedoch dem massiven Einstrom von

1. Einleitung

PMN und Mφ und damit der antigenunspezifischen Immunantwort zuzuschreiben (Caspi, Chan et al. 1993). Auch antigenspezifische Antikörper, die bei der Induktion des Modells keine tragende Rolle spielen, sind am Voranschreiten der lokalen Entzündung beteiligt, indem sie an körpereigene Strukturen binden und diese als körperfremd markieren (Caspi, Roberge et al. 1986; Atalla, Linker-Israeli et al. 1990).

Die intraokulare Entzündung im murinen EAU-Modell kann sich, je nach verwendetem Antigen, Induktionsprotokoll und Mausstamm, in ihrer Effektor-T-Zellantwort (Th1, Th17) und ihrem Schweregrad unterscheiden (Caspi, Silver et al. 1996; Sun, Rizzo et al. 1997; Tang, Zhu et al. 2007; Cortes, Mattapallil et al. 2008). Desweiteren gibt es Modelle, bei der die EAU einen monophasischen oder rezidivierenden Verlauf nimmt (Diedrichs-Mohring, Hoffmann et al. 2008). Trotz der unterschiedlichen Effektor-T-Zellantwort ähneln sich die morphologischen Veränderungen in den Modellen und eignen sich, aufgrund des umfangreichen Kenntnisstandes zur Pathogenese der Autoimmunantwort sowie der Reproduzierbarkeit, zur Untersuchung neuer therapeutischer Ansätze.

Viele Studien im murinen EAU-Modell wurden an B10.RIII Mäusen durchgeführt (Caspi, Chan et al. 1990; Silver, Rizzo et al. 1995; Xu, Rizzo et al. 1997; Hankey, Lightman et al. 2001). Dieser Mausstamm zeichnet sich durch eine hohe Suszeptibilität für die Induktion der posterioren Entzündung aus (Silver, Rizzo et al. 1995). Die Induktion der posterioren Uveitis kann sowohl durch die *Immunisierung* mit bovinem IRBP oder dem humanen IRBP-Peptid 161-180 (IRBP$_{P161-180}$), als auch durch den *adoptiven Transfer* uveitogener Zellen erfolgen. Dabei wird die Entzündung bei der *Immunisierung* durch Th17-Zellen (Amadi-Obi, Yu et al. 2007) und bei dem *adoptiven Transfer* durch Th1-Zellen mediiert (Caspi, Roberge et al. 1986; Agarwal and Caspi 2004). Bei der *Immunisierung* werden die Tiere mit einer Emulsion aus IRBP$_{P161-180}$ und komplettem Freund-Adjuvans (engl.: complete freund´s adjuvans; CFA) subkutan *immunisiert*. Die zusätzliche intraperitoneale Gabe von Pertussis Toxin führt zu einer Störung der Blut-Retina-Schranke, sodass antigenspezifische T-Zellen diese physiologische Barriere leicht überwinden können (Linthicum and Frelinger 1982; Linthicum, Munoz et al. 1982).

Bei dem *adoptiven Transfer* uveitogener Zellen ist eine zusätzliche Schrankenstörung nicht notwendig, da aktivierte T-Zellen in der Lage sind, die Blut-Retina-Schranke zu überwinden.

<u>1. Einleitung</u>

Nach einer erfolgreichen Restimulation der Zellen im Auge, kommt es zu einem drastischen Anstieg des zellulären Infiltrats in der Netzhaut und im Glaskörper. Ein Maximum der intraokularen Entzündung wird 14 Tage nach der *Immunisierung* und 7 Tage nach dem *adoptiven Transfer* erreicht. Im Folgenden setzen erste Reparaturmechanismen ein, das Infiltrat bildet sich zurück, wobei die pathologischen Veränderungen der Netzhaut weiterhin bestehen bleiben. Am Tag 21 nach der *Immunisierung* und 14 Tage nach dem *adoptiven Transfer* hat die Entzündung ihre minimale Aktivität erreicht (Caspi, Roberge et al. 1986; Jiang, Lumsden et al. 1999; Agarwal and Caspi 2004). Da sich dieses EAU-Modell durch einen konstanten, monophasischen Entzündungsverlauf auszeichnet, ist es gut für die Analyse zur therapeutischen Wirksamkeit neuer Medikamente geeignet.

1.9. Zielsetzung

Bei der humanen nicht-infektiösen autoimmunen Uveitis handelt es sich um eine Autoimmunerkrankung, die oftmals durch einen chronisch-rezidivierenden Verlauf und einer voranschreitenden Visusverschlechterung, bis hin zur vollständigen Erblindung gekennzeichnet ist. Die gegenwärtige Behandlung mit Kortikosteroiden und dem Immunsuppressivum Cyclosporin A können schwerwiegende Nebenwirkungen mit sich bringen und erweisen sich bei einigen Patienten als ineffizient. Die vorliegende Arbeit hat das Ziel, zu der Entwicklung neuer effizienter Behandlungsmethoden für die humane autoimmune Uveitis beizutragen.

Im Fokus dieser Arbeit soll die Wirksamkeit des mTor-Inhibitors Everolimus bei der Behandlung der posterioren Uveitis stehen. Als Modell für die humane posteriore Uveitis soll die experimentelle autoimmune Uveitis (EAU) in Mäusen dienen. In der vorliegenden Arbeit soll zunächst die Induktion der EAU in B10.R.III Mäusen durch die *Immunisierung* mit retinalem Antigen oder dem *adoptiven Transfer* uveitogener Lymphozyten etabliert werden.

In beiden EAU-Modellen soll untersucht werden, ob Everolimus in der Lage ist die Auslösung einer EAU durch eine prophylaktische Behandlung zu verhindern bzw. eine Linderung des EAU-Schweregrades durch die therapeutische Behandlung zu erzielen.

Von besonderem Interesse ist zudem der Effekt der mTor-Inhibition auf die zelluläre und humorale Effektorantwort. Darüber hinaus soll geklärt werden, ob Everolimus an der Induktion von regulatorischen T-Zellen *in vivo* beteiligt ist.

Aus den Resultaten der experimentellen Arbeiten soll ein Wirkmechanismus der Everolimustherapie abgeleitet werden. Aus den in den Experimenten gewonnenen Erkenntnissen könnten sich möglicherweise neue Therapieoptionen bei der Behandlung von Patienten mit einer nicht-infektiösen autoimmunen Uveitis ableiten lassen.

2. Material und Methoden
2.1. Material
2.1.1. Chemikalien

	Hersteller, Standort
3-Amino-9-Ethylcarbazol	Sigma-Aldrich Chemie GmbH, Taufkirchen
3-Aminopropyltriethoxysilane (APES)	Sigma-Aldrich Chemie GmbH, Taufkirchen
Aceton	Merck KGaA, Darmstadt
Aquatex	Merck KGaA, Darmstadt
Bläuen Reagenz	Shandon GmbH, Frankfurt am Main
Ciprobay 200	Bayer AG, Leverkusen
N,N-Dimethylformamid	Sigma-Aldrich Chemie GmbH, Taufkirchen
Dinatriumhydrogenphosphat (Na_2HPO_4)	Merck KGaA, Darmstadt
Ethylendiamintetraacetat (EDTA)	Sigma-Aldrich Chemie GmbH, Taufkirchen
Eosin	Shandon GmbH, Frankfurt am Main
Essigsäure 100 %	Carl Roth GmbH & Co. Kg, Karlsruhe
Ethanol, vergällt	Carl Roth GmbH & Co. Kg, Karlsruhe
Eukitt	O. Kindler GmbH, Freiburg
Ficoll-Paque Plus	GE Healthcare Bio-Sciences AB, Schweden
FACSFlow sheath fluid	Becton Dickinson GmbH, Heidelberg
Flüssiger Stickstoff (N_2)	Westfalen Aktiengesellschaft, Münster
Formaldehyd 37 %	Merck KGaA, Darmstadt
30 % Glukose	B. Braun Melsungen AG, Melsungen
2-(4-(2-Hydroxyethyl)-1-piperazinyl)-ethansulfonsäure (HEPES)	Carl Roth GmbH & Co. Kg, Karlsruhe
Hämatoxylin	Shandon GmbH, Frankfurt am Main
Kaliumchlorid (KCl)	Sigma-Aldrich Chemie GmbH, Taufkirchen
Kaliumhydroxid (KOH)	Sigma-Aldrich Chemie GmbH, Taufkirchen
Kaliumdihydrogenphosphat (KH_2PO_4)	Merck KGaA, Darmstadt
ß-Mercaptoethanol	Merck KGaA, Darmstadt
Mytomycin C	Carl Roth GmbH & Co. Kg, Karlsruhe
Natriumacetat (Na-Acetat)	Merck KGaA, Darmstadt
Natriumhydrogencarbonat ($NaHCO_3$)	Carl Roth GmbH & Co. Kg, Karlsruhe
Natriumdihydrogenphosphat (NaH_2PO_4)	Carl Roth GmbH & Co. Kg, Karlsruhe
Natriumhydrogenphosphat (Na_2HPO_4)	Carl Roth GmbH & Co. Kg, Karlsruhe
Natriumhydrogencarbonat ($NaHCO_3$)	Carl Roth GmbH & Co. Kg, Karlsruhe

2. Material und Methoden

Natriumhydroxid (NaOH)	Carl Roth GmbH & Co. Kg, Karlsruhe
OCT Tissue Tek®	Sakura Finetek Germany GmbH, Staufen
Paraffin	Merck KGaA, Darmstadt
Poly-L-Lysin	Sigma-Aldrich Chemie GmbH, Taufkirchen
2-Propanol	Carl Roth GmbH & Co. Kg, Karlsruhe
Schwefelsäure	Carl Roth GmbH & Co. Kg, Karlsruhe
3,3'5,5'-Tetramethylbenzidin	Sigma-Aldrich Chemie GmbH, Taufkirchen
Tween 20	Sigma-Aldrich Chemie GmbH, Taufkirchen
Trypanblau	Sigma-Aldrich Chemie GmbH, Taufkirchen
Wasserstoffperoxid (H_2O_2) 30 %	Carl Roth GmbH & Co. Kg, Karlsruhe
Xylol	Carl Roth GmbH & Co. Kg, Karlsruhe
Zitronensäure	Carl Roth GmbH & Co. Kg, Karlsruhe

2.1.2. Antikörper/ Konjugate/ Fluoreszenzfarbstoff

2.1.2.1. Durchflusszytometrie

Die in der Durchflusszytometrie verwendeten Antikörper wurden von der Firma eBioscience (USA) bezogen.

Anti-Human:

Antigen	Donorspezies	Klon	Konjugat	Isotyp
CD3e	Maus	UCHT1	Phycoerythrin-Cy7 (PE-Cy-7)	IgG1,κ
CD4	Maus	RPA-T4	Fluoresceinisothiocyanat (FITC)	IgG1,κ
CD25	Maus	BC96	R-Phycoerythrin (PE)	IgG1,κ
FoxP3	Maus	236A/E7	Allophycocyanin (APC)	IgG2a,κ

Anti-Maus:

Antigen	Donorspezies	Klon	Konjugat	Isotyp
CD3e	Armenischer Hamster	145-2C11	PE-Cy7	IgG
CD4	Ratte	RM4-5	FITC	IgG2a,κ
CD16/CD32	Ratte	93	unkonjugiert	IgG2b,κ
CD25	Ratte	PC61.5	PE	IgG1a,λ
FoxP3	Ratte	FJK-16s	Biotin	IgG2a,κ

2. Material und Methoden

Isotyp	Donorspezies	Konjugat
IgG1,κ	Maus	FITC
IgG1,κ	Maus	PE
IgG1,κ	Maus	PE-Cy-7
IgG1,κ	Maus	APC
IgG1,κ	Maus	FITC
IgG1, κ	Ratte	FITC
IgG1, κ	Ratte	PE
IgG2a, κ	Ratte	Biotin
IgG1	Armenischer Hamster	PE-Cy7

Streptavidin Konjugat	Hersteller, Standort
Streptavidin APC	eBioscience, USA

Fluoreszenzfarbstoff	Hersteller, Standort
Carboxyfluorescein-Succinimidyl-Ester (CFSE)	Invitrogen GmbH, Darmstadt

2.1.2.2. Immunhistochemie

Die in der Immunhistochemie verwendeten Primärantikörper waren unkonjugiert.

Primärantikörper anti-Maus:

Antigen	Donorspezies	Klon	Isotyp	Hersteller, Standort
CD4	Ratte	L3T4	IgG2a,κ	Becton Dickinson GmbH, Heidelberg
CD8a	Ratte	53-6.7	IgG2a,κ	Becton Dickinson GmbH, Heidelberg
GR-1	Ratte	RB6-8C5	IgG2a,κ	Becton Dickinson GmbH, Heidelberg
F4/80	Ratte	BM8	IgG2a	Acris GmbH, Herford
FoxP3	Kaninchen	polyklonal	IgG	Abcam, England

Sekundärantikörper anti-Kaninchen:

Antigen	Donorspezies	Klon	Konjugat	Isotyp	Hersteller, Standort
IgG F(ab´)	Schwein	polyklonal	Biotin	IgG	Dako Deutschland GmbH, Hamburg

2. Material und Methoden

Sekundärantikörper anti-Ratte:

Antigen	Donorspezies	Klon	Konjugat	Isotyp	Hersteller, Standort
IgG	Kaninchen	polyklonal	Biotin	IgG	Antibodies-Online GmbH, Aachen

Streptavidin	Konjugat	Hersteller, Standort
Streptavidin	Meerrettichperoxidase (engl. horseradish peroxidase, HRP)	BioLegend Europe BV, Niederlande

2.1.3. ELISA (engl.: enzyme-linked immunosorbent assay)

2.1.3.1. Zytokinquantifizierung

ELISA Kit	Hersteller, Standort
IL-2 OPTEIA Tm Maus Kit	Becton Dickinson GmbH, Heidelberg
IL-6 OPTEIA Tm Maus Kit	Becton Dickinson GmbH, Heidelberg
IL-10 OPTEIA Tm Maus Kit	Becton Dickinson GmbH, Heidelberg
IL-17 Quantikine Maus ELISA	R&D Systems GmbH, Wiesbaden-Nordenstadt
IFNγ OPTEIA Tm Maus Kit	Becton Dickinson GmbH, Heidelberg

2.1.3.2. Nachweis IRPB$_{P161-180}$-spezifischer Serumantikörper

Sekundärantikörper anti-Maus:

Antigen	Donorspezies	Klon	Konjugat	Isotyp	Hersteller, Standort
IgG	Kaninchen	polyklonal	Biotin	F(ab`)2	Dako Deutschland GmbH, Hamburg

Konjugat	Enzym	Hersteller, Standort
Streptavidin	HRP	BioLegend Europe BV, Niederlande

2.1.4. Multiplex Bead-Array

Flow Zytomix TM Multiplex Kit	Hersteller, Standort
Th1/Th2 10 plex Kit (Maus)	BenderMed, Österreich

2.1.5. Proteinaseinhibitoren

	Hersteller, Standort
Leupeptin Hemisulfat Salz	Sigma-Aldrich Chemie GmbH, Taufkirchen
Phenylmethansulfonylfluorid	Sigma-Aldrich Chemie GmbH, Taufkirchen
Pepstatin A	Sigma-Aldrich Chemie GmbH, Taufkirchen

2. Material und Methoden

2.1.6. Seren, Puffer, Medien	Hersteller, Standort
Normalserum Maus (Immunhistochemie)	Dako Deutschland GmbH, Hamburg
Normalserum Maus (Durchflusszytometrie)	eBioscience, USA
Normalserum Ratte (Durchflusszytometrie)	eBioscience, USA
Normalserum Kaninchen	PAA Laboratories GmbH, Cölbe
Normalserum Schwein	PAA Laboratories GmbH, Cölbe
Fötales Kälberserum (FKS)	Biochrom AG, Berlin
Phosphat- gepufferte Salzlösung (PBS)	Biochrom AG, Berlin
FoxP3 Färbe-Puffer-Set	eBioscience, USA
RPMI-1640 Medium	Biochrom AG, Berlin

2.1.7. Mitogen	Hersteller, Standort
Concanavalin A (ConA)	Biochrom AG, Berlin

2.1.8. Zytostatika	Hersteller, Standort
Mytomycin C	Carl Roth GmbH & Co. Kg, Karlsruhe

2.1.9. 3[H]-Thymidin-Test	Hersteller, Standort
3[H]-Thymidin	Amersham Bioscience, Freiburg
Szintillationsflüssigkeit Beta-Plate	FSA Laboratory Supplies, England

2.1.10. Medikamente	Hersteller, Standort
Everolimus (Certican®)	Novartis Pharma GmbH, Nürnberg
Liquemin N 25 000 Lösung	Roche Deutschland Holding GmbH, Grenzach-Wyhlen

2.1.11. Anästhetika	Hersteller, Standort
Ketamin 10 %	CEVA Tiergesundheit GmbH, Düsseldorf
Xylazin 2 %	CEVA Tiergesundheit GmbH, Düsseldorf

2.1.12. Tierfutter	Hersteller, Standort
NIH Ratten und Maus/ Auto 6F (5K52)	LabDiet, USA

2.1.13. Immunisierung

	Hersteller, Standort
Pertussis Toxin (PTX)	Sigma-Aldrich Chemie GmbH, Taufkirchen
CFA	Sigma-Aldrich Chemie GmbH, Taufkirchen
humanes Interphotorezeptor Retinoid-bindendes Protein Peptid 161-180 [SGIPYIISYLHPGNTILHVD] ($IRBP_{P\ 161-180}$)	EMC microcollections GmbH, Tübingen

2.1.14. Verbrauchsmaterialien

	Hersteller, Standort
Dako-Pen	Dako Deutschland GmbH, Hamburg
Deckgläschen	Carl Roth GmbH & Co. Kg, Karlsruhe
Deckelstrips	Carl Roth GmbH & Co. Kg, Karlsruhe
1,5 und 2 ml Eppendorfgefäße	Sarstedt Ag & Co, Nümbrecht
Falcon Röhrchen	Becton Dickinson GmbH, Heidelberg
96-Felder Glasfaser-Filter	Wallac Oy, Finnland
Kombitipps Plus 0,1 ,2 ,5 und 5 ml	Eppendorf AG, Hamburg
Kryoröhrchen (2 ml)	TPP AG, Schweiz
Kombi-Stopfen, Luer-Lock	Fresenius Kabi Deutschland GmbH, Bad Homburg vor der Höhe
Magensonden	Instech Solomon, USA
Gewebe-Homogenisator	VWR International GmbH, Darmstadt
Objektträger	Gerhard Menzel Glasbearbeitungswerk GmbH & Co. KG, Braunschweig
Papierfilter	Bio-Rad Laboratories GmbH, München
Parafilm	Sigma-Aldrich Chemie GmbH, Taufkirchen
PP-Röhrchen Natur 1,3 ml 8,5/44 mm	Greiner Bio-One GmbH, Solingen-Wald
1000 µl, 200 µl, 10 µl Pipettenspitzen	Sarstedt Ag & Co, Nümbrecht
Nylonwolle	Kisker-Biotech, Steinfurt
1 und 10 ml Spritze	Terumo, Schweiz
Plastik Probenbeutel 90x120 mm	PerkinElmer LAS (Deutschland) GmbH, Rodgau
Sterilfilter VacuCap60	Vivascience, Hannover
Rotilabo R- Spritzenfilter steril	Carl Carl Roth GmbH & Co. Kg, Karlsruhe
Zellkulturplatten Flachboden 6-,96- Well	TPP AG, Schweiz

2. Material und Methoden

2.1.15. Geräte

Geräte	Hersteller, Standort
Achtkanal Photometer MRX	Dynatech, Denkendorf
Dampfsterilisator Varioklav	H+P Labortechnik GmbH, Oberschleißheim
Colorview-II Digitalkamera	Olympus Soft Imaging Solutions GmbH, Münster
Einschweißgerät Folio	SEVERIN Elektrogeräte GmbH, Sundern
FACSCalibur Durchflusszytometer	Becton Dickinson GmbH, Heidelberg
FACSDiva Zellsorter	Becton Dickinson GmbH, Heidelberg
Filter Matten Harvester	PerkinElmer LAS (Deutschland) GmbH, Rodgau
Kryostat 2800 Frigocut N	Leica Microsystems GmbH, Wetzlar
Inkubator Hera Cell	Heraeus Holding GmbH, Hanau
Invers Mikroskop CK40	Olympus Deutschland GmbH, Hamburg
Magnetrührer MR3001K8	Heidolph Elektro GmbH & Co. KG, Kelheim
1450 Microbeta Plus Liquid Scintillation Counter (β-Counter)	Wallac Oy, Finnland
Mikroskop Olympus BX40F4	Olympus Deutschland GmbH, Hamburg
Multikanalpipette	Eppendorf AG, Hamburg
Multipipette	Eppendorf AG, Hamburg
Pipette boy	Becton Dickinson GmbH, Heidelberg
Rotationsmikrotom Leica LM 2135	Leica Mikrosysteme GmbH, Wetzlar
Sterilbank Hera safe	Heraeus Holding GmbH, Hanau
Tischzentrifuge Pico 17	Heraeus Holding GmbH, Hanau
Vortex Schüttler	Marienfeld GmbH, Mergentheim
Memmert Wärmeschrank	Dunn Labortechnik GmbH, Asbach
Zentrifuge Multifuge 3	Heraeus Holding GmbH, Hanau

2. Material und Methoden

2.1.16. Versuchstiere

Die Tierexperimente wurden an B10.RIII-H2r H2-T18b (71NS)/Sn (B10.RIII) Mäusen durchgeführt. Die Tiere stammen ursprünglich von The Jackson Laboratory (USA) und wurden bei Covance Laboratories GmbH (Münster) weiter gezüchtet. Für die Durchführung der tierexperimentellen Arbeiten wurden die Tiere in die Zentrale Tierexperimentelle Einrichtung des Universitätsklinikums Münster überführt. Den Tieren wurde eine Adaptionszeit von 7 Tagen gewährt. Es wurden Tiere beiderlei Geschlechts (Alter: 2-6 Monate) verwendet, wie es auch in der Literatur beschrieben wurde (Agarwal and Caspi 2004). Die Haltung erfolgte bei einer Hell-Dunkelphase von jeweils 12 Stunden in Makrolonkäfigen. In jedem Käfig wurden maximal 5 Mäuse gleichzeitig gehalten. Die Mäuse hatten Zugang zu pelletiertem Spezialfutter (5K52, LabDiet, USA) und Trinkwasser ad libitum.

2.1.17. Lösungen

2.1.17.1. Zellkultur

Hämolysepuffer

Es wurde eine 155 mM NH_4Cl, 126,6 µM EDTA und 9,9 mM $NaHCO_3$ Lösung in Aqua dest. mit einem pH-Wert von 7,3 hergestellt. Die Lösung wurde steril filtriert, bei Raumtemperatur (RT) aufbewahrt und war 3 Monate haltbar.

Trypanblaulösung

Es wurde eine 0,1 % (w/v) Trypanblau Lösung in PBS hergestellt, steril filtriert und bei RT gelagert.

HEPES-β-Mercaptoethanol

Es wurde eine 25 mM β-Mercaptoethanol und 0,8 M HEPES Lösung in Aqua dest. hergestellt, steril filtriert und bis zum Gebrauch bei -20 °C gelagert.

Lymphozytenmedium

Es wurde 10,4 g RPMI-1640 in einem Liter Aqua dest. aufgelöst, ein pH-Wert von 7,3 eingestellt, steril filtriert und bei 4 °C gelagert. Unmittelbar vor Gebrauch wurden 10 % (v/v) fötales Kälberserum (FKS), 1 % (v/v) Ciprobay 200 und 2 % (v/v) HEPES-β-Mercaptoethanol hinzugefügt. Das supplementierte Medium war bei 4 °C eine Woche haltbar.

2.1.17.2. Histologie/ Immunhistochemie

Fixierlösung

Es wurde eine Lösung von 64 % (v/v) 2-Propanol, 2,5 % (v/v) Essigsäure und 3,7 % Formaldehyd in Aqua dest. hergestellt und bei RT gelagert.

Waschpuffer

Zu 1x PBS wurde 1 % (v/v) FKS hinzugefügt.

Entpigementierungslösung

Zu Aqua dest. wurde 3 % H_2O_2 (v/v) und 0,5 % (w/v) KOH-Lösung hinzugefügt. Die Lösung wurde frisch hergestellt und nach Gebrauch verworfen.

Zitratpuffer

Es wurde eine 0,01 M Zitronensäurelösung in Aqua dest. hergestellt und ein pH-Wert von 6,0 eingestellt. Die Lösung wurde bei RT gelagert und war drei Monate haltbar.

Acetat-Puffer

Es wurde eine 0,2 mM Na-Acetat und 20 mM Essigsäure-Lösung in Aqua dest. angesetzt, ein pH-Wert von 5 eingestellt und bei RT gelagert.

Substratlösung

Das Chromogen 3-Amino-9-Ethylcarbazol dient HRP als Substrat. Das Substrat wurde zunächst in N, N-Dimethylformamid gelöst und eine 810 µM Lösung in Acetatpuffer hergestellt. Um das Chromogen zu aktivieren, wurden zu 50 ml Substratlösung 61 µl einer 30%igen H_2O_2 Lösung hinzugefügt.

2.1.17.3. ELISA

Beschichtungspuffer pH 9,5

Es wurde eine Lösung mit 105 mM $NaHCO_3$ und 34 mM Na_2CO_3 in Aqua dest. hergestellt, ein pH Wert von 9,5 eingestellt und für maximal 4 Wochen bei 4 °C gelagert.

Beschichtungspuffer pH 6,5

Es wurde eine Lösung mit 83 mM Na_2HPO_4 und 98 mM NaH_2PO_4 in Aqua dest. hergestellt, ein pH Wert von 6,5 eingestellt und für maximal 4 Wochen bei 4 °C gelagert.

Waschpuffer

Zu 1x PBS wurde 0,05 % (v/v) Tween 20 hinzugefügt.

Blockpuffer

Zu 1x PBS wurde 10 % (v/v) FKS hinzugefügt.

Substratpuffer

Es wurde eine Lösung mit 100 mM Zitronensäure und 100 mM Na-Acetat in Aqua dest. hergestellt. Der pH-Wert der Lösung wurde auf 6 eingestellt. Die Lagerung erfolgte bei 4 °C. Der Puffer wurde maximal 4 Wochen aufbewahrt.

Substratlösung

Das Chromogen 3,3'5,5'-Tetramethylbenzidin dient HRP als Substrat. Das Chromogen wurde zunächst in N, N-Dimethylformamid gelöst und eine 8,3mM Lösung in Aqua dest. hergestellt. Um das Chromogen zu aktivieren, wurden zu 50 ml Substratlösung 25 µl einer 30%igen H_2O_2 Lösung supplementiert.

Stopplösung

Eine 2 N Schwefelsäure-Lösung wurde in Aqua dest. hergestellt und bei RT gelagert.

2.2. Methoden

2.2.1. Induktion der EAU

2.2.1.1. Narkose

Um die Tiere vollständig zu narkotisieren wurde eine Lösung aus 5 ml PBS, 1 ml 10%iges Ketamin und 0,25 ml 2%iges Xylazin hergestellt. Den Tieren wurden 10 µl Narkoselösung pro Gramm Körpergewicht intraperitoneal (i.p.) injiziert.

2.2.1.2. Immunisierungsmodell

Die B10.RIII Mäuse wurden zunächst narkotisiert und anschließend mit 100 µg humanem IRBP Peptid 161-180 ($IRBP_{P161-180}$) zusammen mit komplettem Freund-Adjuvans (engl.: complete freund´s adjuvans, CFA) und einer zusätzlichen Gabe von Pertussis Toxin (PTX) *immunisiert*. Dazu wurden pro Tier je 100 µg $IRBP_{P161-180}$ mit 100 µl CFA gemischt und auf Eis lagernd für 30 Sekunden (sec) mit Ultraschall emulgiert. Anschließend wurden je 100 µl der Emulsion beiderseits der Schwanzwurzel subkutan (engl. sub cutan; s.c.) mit einer 1 ml Spritze und einer 21G Kanüle injiziert. Die Kontrolltiere erhielten eine Emulsion aus PBS und CFA ohne $IRBP_{P161-180}$. Zudem wurde den Tieren 0,4 µg PTX in 100 µl PBS i.p. injiziert. Den Kontrolltieren wurden je 100 µl PBS ohne PTX mit einer 1 ml Spritze und einer 27G Kanüle i.p. injiziert. Nach 21 Tagen wurde der Versuch beendet und die Organe entnommen.

2.2.1.3. Adoptives Transfermodell

Um uveitogene Lymphozyten für den *adoptiven Transfer* zu gewinnen, wurden B10.RIII Mäuse *immunisiert* und 14 Tage später mit CO_2 getötet. Den Tieren wurden Milz und die regionalen (zervikal bzw. sub- und paramandibulär) Lymphknoten (engl.: lymph nodes; LN) entnommen und eine Einzellsuspension hergestellt (s. 2.2.6). Die Zellen wurden in einer Zelldichte von 5×10^6 Zellen und 30 µg $IRBP_{P161-180}$ pro Milliliter Lymphozytenmedium in 6-Well-Platten ausgesät. Nach 72 h wurden die lebenden Zellen vom Debris mittels Ficoll getrennt. Dazu wurden die Zellen in PBS aufgenommen und in einem Verhältnis von 2:1 auf Ficoll geschichtet. Nach einer 15-minütigen Zentrifugation bei 800xg bildete sich ein weißer Lymphozytenring, der vorsichtig abpipettiert wurde. Die so gewonnen uveitogenen Lymphozyten wurden zweimal mit PBS gewaschen und anschließend gezählt (s. 2.2.7.). Naiven B10.RIII Tieren wurden 1×10^7 Zellen in 100 µl PBS i.p. mit einer 1 ml Spritze und einer 27G Kanüle injiziert.

2. Material und Methoden

Die Kontrolltiere erhielten eine i.p. Injektion von 100 µl PBS. Vierzehn Tage nach dem *adoptiven Transfer* wurde der Versuch beendet und die Organe entnommen.

2.2.2. Behandlung

2.2.2.1. Everolimus (Certican®)

Das Everolimus wurde von der Novartis Pharma GmbH (Nürnberg) als 2%ige Emulsion (20 mg/g) bereitgestellt. Das Medikament wurde aliquotiert und bis zur Verwendung bei -20 °C gelagert. Zur Herstellung der Gebrauchslösung wurden 0,1 g Everolimus in einem 2 ml Eppendorfgefäß abgewogen und in einer 5%igen Glukoselösung mit einem Endvolumen von 2 ml gelöst (0,1 mg Everolimus/ 100 µl). Die Tiere wurden wöchentlich gewogen. Basierend auf dem ermittelten Gewicht wurden die Mäuse täglich mit 5 mg Everolimus pro Kilogramm behandelt. Den Kontrolltieren wurde parallel eine 5%ige Glukoselösung ohne Medikament verabreicht. Ein 20 g schweres Tier hat demnach 100 µl Everolimuslösung oder 100 µl 5%ige Glukoselösung erhalten. Die Behandlung erfolgte oral mit einer Magensonde.

2.2.2.2. Behandlungsprotokoll

Das Behandlungsschema wurde auf der Grundlage des intraokularen Entzündungsablaufes nach der *Immunisierung* mit $IRBP_{P161-180}$ oder dem *adoptiven Transfers* uveitogener Lymphozyten entworfen (Caspi, Roberge et al. 1986; Jiang, Lumsden et al. 1999). Um eine prophylaktische Wirkung von Everolimus zu ermitteln, wurden die Tiere beginnend zwei Tage (d) vor der Modellinduktion, bis zum Tag 21 nach der *Immunisierung* (Abb. 1A) und bis 14 Tage nach dem *adoptiven Transfer* (Abb. 1B) mit Everolimus behandelt.

Die therapeutische Behandlung erfolgte ab dem Tag der maximalen intraokularen Entzündung. Demnach wurden *immunisierte* Tiere von Tag 14 bis Tag 21 (Abb. 1A), oder fünf Tage nach dem *adoptiven Transfer* bis Tag 14 (Abb. 1B) mit Everolimus behandelt.

2. Material und Methoden

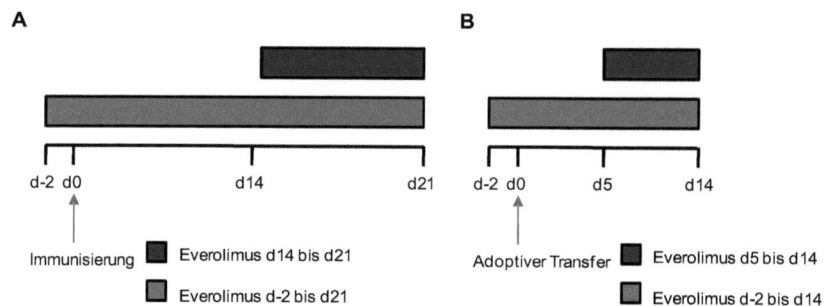

Abb. 1: Behandlungsschema (A) *Immunisierungsmodell*: Die Tiere wurden prophylaktisch (d-2 bis d21) und therapeutisch (d14-d21) mit Everolimus (5 mg/kg/d) behandelt. **(B)** *Adoptives Transfermodell*: Die Tiere wurden prophylaktisch (d-2 bis d14) und therapeutisch (d5-d14) mit Everolimus (5 mg/kg/d) behandelt.

2.2.3. Messung der Hautreaktion vom verzögerten Typ

Zur Messung der Hautreaktion vom verzögerten Typ (engl.: delayed type of hypersensitivity reaction, DTH) wurde die Fußballendicke an beiden Füßen mit einem Messschieber gemessen. In den rechten Fußballen wurden 100 µg IRBP$_{P161-180}$ in 50 µl PBS injiziert, in den linken 50 µl PBS ohne Antigen. Nach 24 h wurde die Fußballendicke (in mm) erneut gemessen. Die DTH wurde durch die Subtraktion der Schwellungszunahme des linken Fußballens vom rechten Fußballen ermittelt.

2.2.4. Organentnahme

Am Tag 21 nach *Immunisierung* oder Tag 14 nach *adoptivem Transfer* wurden die Tiere narkotisiert und retroorbital Blut entnommen. Das Blut wurde für die Serumgewinnung in 1,5 ml Eppendorfgefäße überführt. Für die durchflusszytometrische Analyse wurde das periphere Blut in 2 ml Eppendorfgefäße mit 50 µl Liquemin überführt und bis zur Verwendung bei 4 °C gelagert. Nach der Blutgewinnung wurden die Tiere mit CO_2 getötet um Augen und weitere Organe zu entnehmen.

Zuerst wurde das rechte Auge entnommen und zur histologischen Auswertung in Fixierlösung überführt. Die fixierten Augen wurden in Paraffin eingebettet, geschnitten und es wurde eine Übersichtsfärbung für die histologische Bewertung des Entzündungsgrades angefertigt. Das linke Auge wurde mittels flüssigen Stickstoff (N_2) schockgefroren und bei -80 °C gelagert.

2. Material und Methoden

Zur Charakterisierung des intraokularen zellulären Infiltrats wurden von den schockgefrorenen Augen Kryostatschnitte angefertigt und diese immunhistochemisch analysiert. Desweiteren wurden schockgefrorene Augen für die Quantifizierung des intraokularen Zytokinmilieus mittels Multiplex Bead-Array eingesetzt.

Nach der Entnahme der Augen wurden sowohl die Milz als auch die regionalen (zervikal bzw. sub- und paramandibulär) Lymphknoten (engl.: lymph nodes; LN) entnommen, in PBS überführt und bei 4 °C bis zur Zellisolation gelagert. Die Lymphozyten aus dem peripheren Blut, der Milz und den LN wurden für die durchflusszytometrische Analyse eingesetzt. Die Milzzellen wurden zudem zur Analyse der Proliferation ($3[H]$-Thymidin-Test) und der Zytokinantwort (ELISA) eingesetzt sowie in einem Suppressionsassay getestet.

Den Tieren, bei denen eine DTH induziert wurde, wurden ausschließlich die Augen entnommen, weil die Lymphozyten aufgrund ihrer Präaktivierung, für die *in vitro* Tests ungeeignet waren.

Für die Gewinnung uveitogener Lymphozyten für den *adoptiven Transfer* wurden die Tiere 14 Tage nach *Immunisierung* mit CO_2 getötet. Es wurden sowohl die LN als auch die Milz entnommen, um die darin befindlichen $IRBP_{p161-180}$-spezifischen Lymphozyten *in vitro* zu expandieren.

2.2.5. Histologie

2.2.5.1. 3-Aminopropyltriethoxysilane-Beschichtung

Für die Anfertigung von Paraffinschnitten wurden 3-Aminopropyltriethoxysilane (APES)-beschichtete Objektträger benötigt. Dazu wurden die Objektträger zunächst in 96%igen Ethanol (vergällt) gespült und danach in Aceton überführt. Im nächsten Schritt wurden die Objektträger für 30 sec in eine 2%ige (v/v) APES-Aceton-Lösung getaucht. Überschüssige Lösung wurde in einem folgenden Aceton-Bad entfernt. Die Objektträger wurden abschließend mit Aqua dest. gespült und für eine Stunde bei 60 °C im Wärmeschrank getrocknet.

2.2.5.2. Paraffineinbettung

Die Mausaugen wurden für 24 h in Fixierlösung fixiert und dann in mehreren Schritten entwässert. Dazu wurden die Organe für jeweils eine Stunde bei RT in 70, 80, 90, 96 und dreimal in 100%igem 2-Propanol entwässert. Anschließend wurden die Präparate für 30 min in ein 65 °C warmes Bad aus Paraffin und 50 % (v/v) 2-Propanol überführt.

2. Material und Methoden

Es folgten zwei weitere Bäder in 100%igem Paraffin. Zuletzt wurden die Augen in Paraffin eingebettet. Von den erstarrten Präparaten wurden 7 µm dicke medio-sagitale Schnitte an einem Rotationsmikrotom angefertigt und auf APES-beschichtete Objektträger aufgezogen. Die Schnitte wurden über Nacht bei RT getrocknet.

2.2.5.3. Hämatoxilin-Eosin-(HE) Färbung

Die Objektträger mit den aufgezogenen Paraffinschnitten wurden zuerst in Xylol entparaffiniert und in mehreren Bädern einer absteigenden Alkoholreihe gewässert. Anschließend wurde eine Kernfärbung mit Hämatoxilin durchgeführt, die mit einer Bläuen-Lösung fixiert wurde. Danach wurde eine Gegenfärbung mit Eosin durchgeführt. Das überschüssige Eosin wurde in einer aufsteigenden Alkoholreihe entfernt und die Schnitte mit Eukitt eingedeckt.

2.2.5.4. Histopathologische Bestimmung des EAU-Schweregrades

Um den Schweregrad der EAU zu bestimmen, wurden aus vier unterschiedlichen Ebenen des Mausauges HE-gefärbte Schnitte (s. 2.2.5.3) mikroskopisch begutachtet. Die Zuordnung der Schweregrade null bis vier erfolgte nach den Kriterien von Caspi *et al.* 1988 (Caspi, Roberge et al. 1988). Demnach wurden Augen ohne Entzündung mit dem Grad null bewertet (Abb. 2A). Einzelne, nicht granulomatöse Zellen in der Retina, dem Ziliarkörper oder der Choroidea wurde mit 0,5 bewertet (Abb. 2B). Der Grad eins wurde vergeben, wenn perivaskuläres, retinales oder vitreales Infiltrat nachweisbar war (Abb. 3C). Wiesen die histologischen Präparate neben Granulomen in der Uvea und der Retina auch deutliche Netzhautabfaltungen und Ablösungen von Photorezeptoren (Abb. 3D) auf, so wurde der Schweregrad zwei zugeordnet. War neben den genannten pathologischen Symptomen auch die RPE-Zellschicht von Granulomen betroffen, die als Dahlen-Fuchs-Knoten bezeichnet werden (Abb. 3E), oder waren subretinale Neovaskularisationen sichtbar, wurde dem Präparat der Entzündungsgrad drei zugeordnet. Wurde eine komplette, großflächige Zerstörung der Netzhautschichtung beobachtet, wurde der Entzündungsgrad vier zugeordnet (Abb. 3F). Um den Schweregrad eines Auges zu bestimmen, wurde der Mittelwert aus den histologisch bewerteten Paraffin-Schnitten gebildet.

2. Material und Methoden

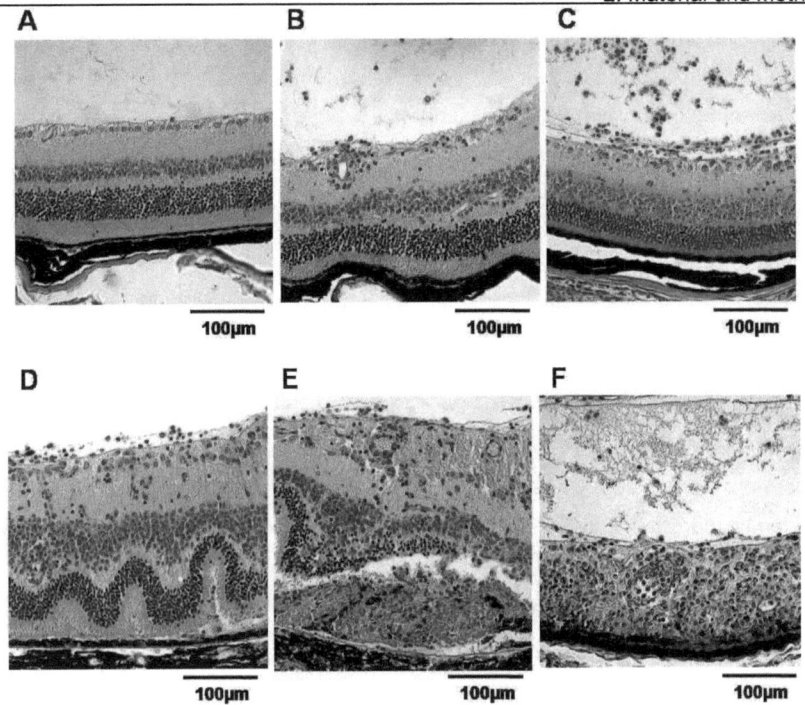

Abb. 2: **Histopathologische Bestimmung des EAU-Schweregrades** Der Schweregrad der Entzündung wurde mit **(A)** gesund (Grad=0), **(B)** wenige (Grad=0,5) und **(C)** viele (Grad=1) Entzündungszellen in der Retina und dem Vitreus, **(D)** Granulome und Netzhautablösung (Grad=2), **(E)** Dahlen-Fuchs-Knoten (Grad=3) und **(F)** massive Zerstörung der Netzhaut (Grad=4) bewertet.

2.2.5.5. Poly-L-Lysin-Beschichtung

Für die Anfertigung von Kryostatschnitten wurden Poly-L-Lysin beschichtete Objektträger benötigt. Dazu wurden die Objektträger zunächst in 96%igen Ethanol (vergällt) gespült und dann für 5 min in eine 10%ige (v/v) Poly-L-Lysin-Lösung in Aqua dest. getaucht. Die beschichteten Objektträger wurden anschließend für 1 h bei 60 °C im Wärmeschrank getrocknet.

2.2.5.6. Herstellung von Kryostatschnitten

Zur Herstellung von Kryostatschnitten wurden schockgefrorene Augen verwendet. Die Organe wurden in dem Eindeckmittel Tissue-Tek eingebettet. Dabei wurde ein Tropfen des Eindeckmittels auf den vorgekühlten Objekthalter gegeben und das Auge darauf platziert.

2. Material und Methoden

Anschließend wurde das Präparat im -20 °C kalten Kryostat gekühlt und ganz mit dem Eindeckmittel überschichtet. Nachdem das Präparat vollständig erstarrt war, wurden 10 µm dicke Schnitte am Kryostat angefertigt und auf Poly-L-Lysin-beschichtete Objektträger (s. 2.2.5.5.) übertragen, die bis zum Gebrauch bei -20 °C gelagert wurden.

2.2.5.7. Immunhistochemie

2.2.5.7.1. Analyse des entzündlichen Infiltrats an Kryostatschnitten

Die angefertigten Kryostatschnitte (s. 2.2.5.6.) wurden für 20 min bei RT getrocknet und anschließend für 10 min in Aceton bei 4 °C fixiert. Die Gewebeschnitte wurn mit dem Dako Pen umrandet um ein Vermischen der Antikörperlösungen zwischen den Gewebeschnitten zu verhindern. Um unspezifische Bindungsstellen abzublocken, wurde Waschpuffer mit 5 % Serum für 20 min bei RT auf die Gewebeschnitte gegeben. Dabei wurde das Serum aus jener Spezies verwendet, aus der der Sekundärantikörper bezogen wurde. Die Inkubation erfolgte in einer Feuchtigkeitskammer. Dazu wurde eine Glasschale mit Fließpapier ausgekleidet, mit Aqua dest. befeuchtet und mit einem Deckel verschlossen. Nach dem Blockschritt wurden die Primärantikörper (Ratte-anti-Maus) gegen CD4 (25 µg/ml), CD8 (25 µg/ml), Gr-1 (25 µg/ml) und F4/80 (0,4 µg/ml) aufgetragen. Die Antikörper wurden stets in Waschpuffer verdünnt. Für die Negativkontrolle wurde Waschpuffer ohne Antikörper eingesetzt. Nach einer 30-minütigen Inkubation in der Feuchtigkeitskammer wurden gewebeständige Peroxidasen durch eine 10-minütige Inkubation in Waschpuffer mit 3 % H_2O_2 abgesättigt. Es folgten drei Waschschritte, währenddessen der Sekundärantikörper für 15 min mit 5 % Mausserum vorinkubiert wurde. Nach der Präinkubation wurden die Gewebeschnitte für 30 min mit 10 µg/ml Sekundärantikörper (Kaninchen-anti-Ratte) in der Feuchtigkeitskammer inkubiert. Nach Ablauf der Inkubationszeit wurden die Objektträger dreimal in Waschpuffer gewaschen. Die Sekundärantikörper waren mit Biotin konjugiert und wurden detektiert, indem Streptavidin-HRP, in einer Verdünnung von 1:500, auf die Gewebeschnitte pipettiert wurden. Nach einer letzten 20-minütigen Inkubation in der Feuchtigkeitskammer, wurden die Objektträger dreimal mit Waschpuffer gewaschen und für 20 min in Substratlösung gestellt. Das in der Substratlösung enthaltene 3-Amino-9-Ethylcarbazol wurde durch gebundenes Streptavidin-HRP in einen roten Farbstoff umgesetzt. Dadurch wurden die auf dem Gewebe spezifisch gebundenen Primärantikörper visualisiert.

2. Material und Methoden

Nach einer 10-minütigen Fixierung in Acetatpuffer mit 4 % Formaldehyd und einer Inkubation in 1%iger Essigsäure (15 sec) wurde eine Kernfärbung mit Hämatoxilin Gill No.3 angefertigt. Überschüssiges Hämatoxilin wurde in zwei Waschschritten mit Aqua dest. entfernt und mit Leitungswasser fixiert. Die Objektträger wurden anschließend wässrig in Aquatex eingedeckt und mikroskopisch begutachtet.

2.2.5.7.2. Erfassung der Anzahl intraokularer FoxP3+ Zellen

2.2.5.7.2.1. Entpigmentierung

In ersten immunhistochemischen Analysen wurde deutlich, dass während der EAU in der Retina aber auch in den pigmentierten Bereichen (Choroidea, Ziliarkörper, Iris) intraokulare FoxP3+ Zellen auftraten. Durch die Pigmentierung war eine genaue Zellzählung nicht möglich. Da eine Entpigmentierung von Kryostatschnitten bei der Etablierung der Immunhistochemie (IHC) zum Gewebeverlust geführt hat, wurde die IHC zum Nachweis von FoxP3+ Zellen an Paraffinschnitten durchgeführt. Dazu wurden die Paraffinschnitte zunächst wie bei einer HE-Färbung entparaffiniert (s.2.2.5.3.) und für zwei Stunden in eine Entpigmentierungslösung gestellt (RT). Anschließend wurden die Präparate dreimal in PBS gewaschen und eine Antigendemaskierung (s. 2.2.5.7.2.2.) durchgeführt.

2.2.5.7.2.2. Antigendemaskierung

Die Gewebefixierung mit Formaldehyd führt zu einer Veränderung der dreidimensionalen Struktur von Proteinen. Dabei verändert sich die Exposition der Epitope, sodass Antikörper, die auf nativem Gewebe von Kryostatschnitten ungehindert binden, nun keine spezifische Bindung mehr eingehen können. Um diese strukturellen Änderungen aufzuheben ist eine Antigendemaskierung notwendig.
Dazu wurden die entpigmentierten Schnitte für 20 min in 0,01 M Zitratpuffer, bei 96 °C in einem Wasserbad inkubiert. Nachdem die Präparate für 20 min bei RT abgekühlt waren, wurden diese dreimal in PBS 1 % FKS gewaschen und immunhistochemisch angefärbt.

2. Material und Methoden

2.2.5.7.2.3. Immunhistochemie

Um zu gewährleisten, dass die Entpigmentierung (s. 2.2.5.7.2.1.) und die Antigendemaskierung (s. 2.2.5.7.2.2.) der Paraffinschnitte keinen negativen Einfluss auf die IHC haben würden, wurde parallel zu den Augenpräparaten, Milzschnitte bei der Analyse mitgeführt (Abb. 3). Die IHC an den Paraffinschnitten entsprach, beginnend bei der Blockierung antigenunspezifischer Bindungsstellen, der Durchführung einer IHC an Kryostatschnitten (s. 2.2.5.7.1.). Abweichend von diesem Protokoll erfolgte die Blockierung unspezifischer Bindungsstellen mit 5 % Schweine-Serum. Es wurde der Primärantikörper FoxP3 (13 µg/ml) (Kaninchen-anti-Maus) verwendet, dessen spezifische Bindung mit dem Sekundärantikörper Schwein-anti-Kaninchen (2,9 mg/ml) nachgewiesen wurde.

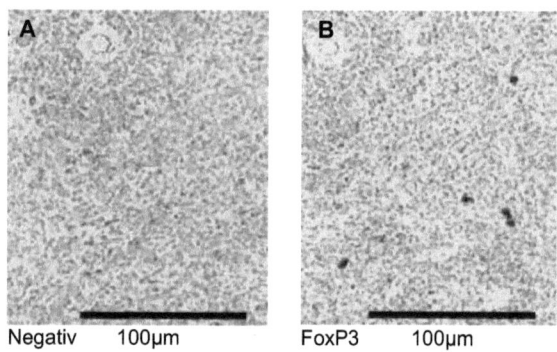

Negativ 100µm   FoxP3   100µm

Abb. 3: FoxP3+ Kontrollfärbung An Milz-Paraffinpräparaten naiver B10.RIII Mäuse wurde, nach Entpigmentierung und Antigendemaskierung, eine IHC zum Nachweis FoxP3+ Zellen durchgeführt **(A)** ohne Antikörper, **(B)** Kaninchen-anti-Maus-FoxP3-Antikörper.

2.2.6. Isolierung von Zellen aus der Milz und den Lymphknoten

Um die Zellen aus Lymphknoten und Milz zu isolieren wurden die Organe separat in eine Petrischale mit 10 ml PBS überführt. Die Organe wurden mit dem sterilen Stempel einer 10 ml Spritze zerrieben, dabei wurden die Zellen freigesetzt. Die Zellsuspensionen wurden in 50 ml Zentrifugen-Röhrchen überführt und mit PBS gewaschen. Dazu wurden die Zellen für 5 min bei 500xg zentrifugiert. Die Lymphknotenzellen wurden in Lymphozytenmedium aufgenommen, gezählt und *in vitro* eingesetzt. Die Milzzellen wurden in Hämolysepuffer (5 ml pro Milz) resuspendiert und 30 sec bei RT inkubiert, um die Erythrozyten zu lysieren. Die Zellen wurden zweimal mit PBS gewaschen, anschließend in Medium aufgenommen, gezählt und *in vitro* eingesetzt.

2. Material und Methoden

2.2.7. Zellzählung

Die Zellen wurden 1:10 oder 1:50 mit der Trypanblaulösung verdünnt und in eine Zählkammer nach Neubauer pipettiert. In den vier äußeren Feldern wurde jeweils die Anzahl der lebenden (hell) und der toten (blau) Zellen gezählt. Die Zellzahl pro Milliliter wurde mit folgender Formel ermittelt: Anzahl der Zellen / 4 x Verdünnungsfaktor x 10^4.

2.2.8. 3[H]-Thymidin Proliferationstest

Die aus der Milz gewonnen Zellen wurden in Medium aufgenommen und auf 5×10^6 Zellen/ml eingestellt. Es wurden 1×10^5 Zellen in jede Vertiefung einer 96-Mikrotiterplatte (Rundboden) ausgesät. Um die Basisproliferation zu ermitteln wurden die Zellen mit 100 µl Lymphozytenmedium kultiviert. Für die Induktion der antigenspezifischen Proliferation wurden 50 µg/ml $IRBP_{P161-180}$ hinzugefügt. Desweiteren wurden die Zellen mit 16 µg/ml ConA antigenunspezifisch stimuliert. Es wurden jeweils Vierfachbestimmungen angefertigt. Die Platte wurde für 72 h in einem CO_2-Inkubator (37 °C, 5 % CO_2) inkubiert. Nach 72 h wurde in jede Vertiefung der Platte 1 µCi 3[H]-Thymidin hinzugefügt. Bei stark proliferierenden Zellen wird das radioaktiv markierte Thymidin in die organischen Basen der DNA eingebaut. Nach weiteren 18 h Kultur im CO_2-Inkubator (37 °C, 5 % CO_2) wurden die Zellen mit einer Absaugvorrichtung auf ein Glasfaser-Filterpapier gespült. Das Filterpapier wurde für eine Stunde bei 60 °C im Trockenschrank getrocknet, mit 2 ml Szintillationsflüssigkeit versetzt, eingeschweißt und in einen Rahmen gespannt. Die auf dem Filterpapier vorhandene Radioaktivität, die sich zur Proliferation der Zellen proportional verhielt, wurde im Beta-Counter gemessen. Der Beta-Counter misst dabei die Strahlungsintensität in Zähler pro Minute (engl.: counts per minute, cpm).

2.2.9. Gewinnung von Zellkulturüberständen

Die aus der Milz gewonnen Zellen wurden in Lymphozytenmedium aufgenommen und auf 5×10^6 Zellen/ml eingestellt. Es wurde 1 ml in jede Vertiefung einer 24-Mikrotiterplatte ausgesät. Die Zellen wurden mit Lymphozytenmedium ohne Zusatz, mit 50 µg/ml $IRBP_{P161-180}$ oder 16 µg/ml ConA behandelt und für 24 h in einem CO_2-Inkubator (37 °C, 5 % CO_2) kultiviert. Nach der Inkubationszeit wurden die Zellkulturüberstände in 1,5 ml Eppendorfgefäße überführt und die Zellen bei 17.000xg pelletiert. Der zellfreie Überstand wurde in 1,3 ml PP-Röhrchen überführt und bis zur Analyse im ELISA bei -80 °C gelagert.

2.2.10. Gewinnung von Serum

B10.RIII Mäusen wurde retroorbital Blut entnommen und in 1,5 ml Eppendorfgefäße überführt. Das Blut wurde für 2 h bei RT inkubiert, sodass sich im Zuge der Blutgerinnung ein Blutkuchen aus Erythrozyten, Blutplättchen und Fibrin bilden konnte. Anschließend wurden die Proben bei 13000xg für 5min zentrifugiert und die Serum-Überstände in 1,3 ml PP-Röhrchen überführt. Die Seren wurden, bis zur Analyse auf $IRBP_{P161-180}$-spezifische Serumantikörper im ELISA, bei -80 °C gelagert.

2.2.11. ELISA

Um den Zytokingehalt von Zellkulturüberständen oder einen Nachweis für $IRBP_{P161-180}$-spezifische Serumantikörper zu erbringen, wurde ein mehrschichtiges ELISA-System (Sandwich) angewandt. Für die Quantifizierung der Zytokine im Zellkulturüberstand wurden ELISA-Kits (BD, R&D) eingesetzt (s. 2.2.11.1.). Der ELISA für den Nachweis $IRBP_{P161-180}$-spezifischer Serumantikörper wurde eigens etabliert (s. 2.2.11.2.).

2.2.11.1. Zellkulturüberstände

Um die Zytokine IL-2, IL-6, IFNγ, TNFα, IL-10 und IL-17 in den Zellkulturüberständen zu quantifizieren, wurden separate ELISA Kits eingesetzt, in denen Primär- und Sekundärantikörper sowie die dazugehörigen Konjugate und rekombinanter Proteinstandard bereits enthalten waren. Die Verdünnung der Antikörper, des Zytokin-Standards und der beigefügten Konjugate erfolgte nach Herstellerangaben.
Der Zytokin-spezifische Primärantikörper wurde in Beschichtungspuffer aufgenommen. Es wurden jeweils 100 µl in die Vertiefungen einer 96-Mikrotiterplatte (Flachboden) pipettiert und über Nacht (ÜN) bei 4 °C inkubiert. Da der Fc-Teil eines Antikörpers eine hohe Affinität zu Plastik hat, erfolgte eine Anlagerung der Antikörper an das Plastik der Platte. Ungebundene Antikörper, wurden durch zweimaliges Waschen mit Waschpuffer (200 µl/ Vertiefung) entfernt. Zur Blockierung von unspezifischen Bindungsstellen wurde in jede Vertiefung 200 µl Blocklösung pipettiert. Nach einer zweistündigen Inkubation bei RT wurde die Platte erneut zweimal mit Waschpuffer gewaschen. Anschließend wurden die zu untersuchenden Zellkulturüberstände und eine nach Herstellerangaben angefertigte Standardreihe in die Vertiefungen pipettiert (100 µl/ Vertiefung). Die Standardreihe bestand aus 8 Proben.

2. Material und Methoden

Ausgehend von einer definierten Konzentration des zu quantifizierenden Zytokins wurden 6 serielle Verdünnungen (1:2) hergestellt. Sowohl die Standardreihe, als auch die Zellkulturüberstände wurden in Doppelbestimmungen eingesetzt. Es erfolgte eine zweistündige Inkubation bei RT. Dabei ging das zu detektierende Zytokin eine spezifische Bindung mit dem Primärantikörper ein. Die ungebundenen Proteine wurden anschließend in drei Waschschritten entfernt und der biotinylierte, ebenfalls zytokinspezifische Sekundärantikörper aufgetragen. Während einer einstündigen Inkubation bei RT lagerten sich die Sekundärantikörper an das bereits vom Primärantikörper gebundene Zytokin. Ungebundene Antikörper wurden anschließend in drei Waschschritten entfernt. Es folgte eine 30-minütige Inkubation mit Streptavidin-HRP-Lösung bei RT. Streptavidin bindet sich aufgrund einer hohen Affinität zu Biotin spezifisch an den Sekundärantikörper. Überschüssiges Streptavidin-HRP wurde in drei Waschschritten entfernt. Um gebundenes Streptavidin-HRP sichtbar zu machen, wurde je Vertiefung 100 µl Substratlösung aufgetragen. Als Substrat diente das Chromogen 3,3'5,5'-Tetramethylbenzidin, das durch eine enzymatische Reaktion von dem HRP in einen sichtbaren blauen Farbstoff umgewandelt wurde. Die Farbreaktion wurde nach 20 min mit 50 µl Stopplösung gestoppt. Dabei wurde ein Farbumschlag von blau nach gelb beobachtet. Die photometrische Analyse der optischen Dichte (OD) erfolgte im Achtkannal Photometer MRX (Dynatech) bei 450 nm. Die Daten wurden mit dem Programm EXCEL 2007 (Microsoft, Santa Rosa, Californien, USA) analysiert. Die gemessenen OD wurden mit den Messwerten der Standardproben mit bekannter Proteinkonzentration ins Verhältnis gesetzt. Dies ermöglichte eine Umrechnung der gemessenen OD der Zellkulturüberstände in die entsprechende Zytokinkonzentration.

2.2.11.2. IRBP$_{P161-180}$-spezifische Serumantikörper

Um IRBP-spezifische Serumantikörper in einem ELISA nachweisen zu können, wurde ein in der Literatur beschriebenes Protokoll angewandt (Van Tuyen, Faure et al. 1982). Zuerst erfolgte die Beschichtung einer 96-Felder Mikrotiterplatte (Flachboden) mit PBS und 1 µg/ml IRBP$_{P161-180}$ (ÜN, 4 °C). Die Hälfte der Platte wurde mit PBS ohne Peptid beschichtet, um unspezifische Antikörperbindungen detektieren zu können. Während der ÜN-Inkubation lagerte sich das IRBP$_{p161-180}$ unspezifisch an dem Plastik der Platte. Anschließend wurden ungebundene Peptide in drei Schritten mit Waschpuffer entfernt.

2. Material und Methoden

Um unspezifische Bindungsstellen abzublocken wurde in jede Vertiefung 200 µl Blockpuffer pipettiert und die Platte für 1 h bei RT inkubiert. Nach drei weiteren Waschschritten wurden 100 µl der zu testenden Serumproben aufgetragen. Die Serumproben wurden dazu 1:100 in PBS verdünnt. Es wurden Doppelbestimmungen durchgeführt. Jedes Serum wurde sowohl in mit Peptid beschichtete als auch in unbeschichtete Vertiefungen pipettiert. Die Platte wurde für 30 min bei RT inkubiert. Eine längere Inkubationszeit führte zu unspezifischen Bindungen. Um die ungebundenen Serumantikörper zu entfernen, wurde die Platte dreimal mit Waschpuffer gewaschen. Die gebundenen Serumantikörper wurden mit einem biotinylierten Antikörper (Kaninchen-anti-Maus IgG, Dako) detektiert. Dazu wurde der Antikörper 1:5000 in PBS verdünnt und je 100 µl der Antikörperlösung in jede Vertiefung pipettiert. Nach einer 30-minütigen Inkubation bei RT wurde die Platte dreimal mit Waschpuffer gewaschen und in jede Vertiefung Streptavidin-HRP (1:5000 in PBS verdünnt) pipettiert. Nach einer 30-minütigen Inkubation bei RT wurde ungebundenes Streptavidin-HRP in drei Waschschritten entfernt. Der Nachweis von gebundenem Streptavidin-HRP wurde, wie einem ELISA-Kit (s. 2.2.11.1), durch die enzymatische Umsetzung von 3,3'5,5'-Tetramethylbenzidin erzielt. Die enzymatische Reaktion wurde nach 10 min mit 50 µl Stopplösung abgestoppt. Die OD wurde in einem Achtkanal Photometer MRX (Dynatech) bei 450 nm ermittelt. Die Daten wurden mit dem Programm EXCEL 2007 (Microsoft, Santa Rosa, Californien, USA) analysiert. Die gemessene OD war ein Maß für den Gehalt IRBP$_{P161-180}$-spezifischer Antikörper im Serum.

2.2.12. Durchflusszytometrie
2.2.12.1. Durchflusszytometer

Die Durchflusszytometrie ist ein optisches Messverfahren, das Streulicht und Fluoreszenzsignale von Partikeln analysiert. Zur Differenzierung von Lymphozytenpopulationen wurden die Zellen mit Antikörper markiert, an denen unterschiedliche Fluorochrome kovalent gebunden waren. Die Analyse der Zellen beruht darauf, dass diese in einem laminaren Probenstrom einzeln an einem Laserstrahl vorbeigeleitet werden (hydrodynamische Fokussierung). Entsprechend der physikalischen Eigenschaften der Zellen und ihrer Fluoreszenzmarkierung wird das Licht gestreut bzw. durch Fluorochrome absorbiert und nachfolgend emittiert. Das Streulicht gibt Auskunft über die Größe und die Granularität der Zellen.

Das emittierte Licht kann durch ein System aus optischen Filtern und dichronischen Spiegeln in verschiedene Fluoreszenzspektren aufgetrennt werden, sodass man für jedes Fluorochrom ein spezifisches Signal erhält. Durch Photoelektronenvervielfacher werden die Signale verstärkt, in elektrische Ströme und anschließend in digitale Signale umgewandelt. Die Signale können logarithmisch oder linear verstärkt werden. Das in dieser Arbeit eingesetzte Durchflusszytometer FACSCalibur (Becton Dickinson), mit der Software CellQuest Pro, verfügte über 2 Laser. Die erste Anregungsquelle war ein luftgekühlter Argonionenlaser, der blaues Licht von 488 nm aussendete. Die zweite Quelle war ein Diodenlaser, der rotes Licht von 635 nm emittierte. Somit konnten Fluorochrome, deren Absorbtionsmaxima zwischen 488 nm und 635 nm lagen (FITC= FL-1, PE= FL-2, PE-Cy7= FL-3, APC= FL-4), durch die Laser angeregt werden. Das Fluoreszenzlicht wurde durch verschiedene Filter in vier unterschiedliche Spektren aufgeteilt, woraus sich vier Fluoreszenzkanäle ergaben (Shapiro 2003). Die gemessenen Parameter wurden über eine Software (Zytomation Summit V3.1, Dako) statistisch ausgewertet und graphisch in zweidimensionalen DotPlot-Abbildungen und Histogrammen dargestellt.

2.2.12.2. Zellsortierung

Ein Zellsortierer (Herzenberg, Sweet et al. 1976) ist ein durchflusszytometrisches Gerät (s. 2.2.12.1.), bei dem die fluoreszenzmarkierten Zellen in die Mitte eines Flüssigkeitsstrahls gelangen und einzeln, nacheinander (hydrodynamische Fokussierung) an einem Laserstrahl vorbeigeleitet werden. Die Zellen werden dabei nach ihrer Größe und Granularität und ihrer Fluoreszenz analysiert. Die zu sortierenden Zellpopulationen werden anhand ihrer Fluoreszenz in Regionen eingeteilt und zur Sortierung ausgewählt. Da periodische Druckschwankungen auf den Flüssigkeitsstrahl ausgeübt werden, reißt dieser nach der durchflusszytometrischen Messung ab, wobei sich Tröpfchen bilden. Diese werden durch die Sortierelektronik im Augenblick des Abreißens positiv oder negativ aufgeladen. Die elektrisch geladenen Tröpfchen werden nach links oder rechts entsprechend ihrer Ladung elektrostatisch abgelenkt und werden so getrennt voneinander aufgefangen. Die Zellen, die sich in den ungeladenen Tröpfchen befinden, fallen senkrecht nach unten und werden von einer Düse abgesaugt. In dieser Arbeit wurde der Zellsortierer FACS Diva von BD eingesetzt und mit der Software FACS Diva 5.0.3. gearbeitet.

2.2.12.3. Extrazelluläre Färbung

Die durchflusszytometrischen Färbungen von Lymphozyten wurden in 1,3 ml PP-Röhrchen durchgeführt. Um eine unspezifische Bindung der eingesetzten Antikörper an den FcγIII/II-Rezeptor auf Phagozyten zu unterbinden, wurden die Zellen vor der eigentlichen Färbung mit 10µg/ml Fc-Block (CD16/CD32 Antikörper, BD) für 10 min bei 4 °C inkubiert. Im Anschluss daran wurden ohne weiteren Waschschritt die Antikörper hinzugefügt. Zur Bestimmung der optimalen Konzentration wurden die separaten Antikörper in verschiedenen Konzentrationen auf Milzzellen von B10.RIII Mäusen gegen analoge Konzentrationen einer Isotypkontrolle austitriert. Die Konzentration mit der besten Signaltrennung der markierten Subpopulation von der Isotypkontrolle wurde in den Experimenten eingesetzt. Als Isotypkontrolle bezeichnet man Antikörper, die in der gleichen Spezies generiert wurden und den gleichen Subtyp aufweisen wie die markierenden Antikörper, sich aber nicht spezifisch an die Zielzellen binden und somit auch keine Zellpopulation markieren (Shapiro 2003).

Die Zellen wurden, je nach den Anforderungen des Experiments, mit einem oder einer Kombination verschiedener Antikörper gegen unterschiedliche Oberflächenantigene markiert. Die Inkubationszeit betrug 30 min bei 4 °C unter Lichtausschluss. Im Anschluss daran wurden die Zellen zweimal mit 1 ml PBS / 1 % FKS gewaschen, bei 500xg in einer Tischzentrifuge pelletiert und in 100 µl PBS/ 1 % FKS resuspendiert.

2.2.12.4. Intrazelluläre FoxP3 Färbung

Nachdem die extrazelluläre Färbung abgeschlossen war, wurde mit einem FoxP3-Färbe-Puffer-Set (eBioscience) nach Anleitung des Herstellers weitergearbeitet. Die Zellen wurden in einem Puffer für 30 min bei 4 °C gleichzeitig fixiert und permeabilisiert. Im Anschluss wurden die Proben zweimal mit 1 ml Waschpuffer gewaschen und in einer Tischzentrifuge bei 500xg pelletiert. Danach wurden die Zellen für 15 min mit 1 % Rattenserum präinkubiert, um unspezifische Bindungsstellen abzublocken. Nach der Präinkubation wurde der biotinylierte Ratte-anti-Maus-FoxP3-Antikörper, bzw. die dazugehörige Isotypkontrolle, hinzugefügt. Die Färbung erfolgte bei 4 °C für 45 min. Nach der Inkubationszeit wurden die Proben erneut zweimal mit dem Waschpuffer gewaschen und dann mit Streptavidin-APC für weitere 30 min bei 4 °C gefärbt. Dabei geht das Streptavidin eine kovalente Bindung zu dem, am Primärantikörper gebundenen, Biotin ein.

2. Material und Methoden

Das überschüssige Streptavidin-APC wurde im Anschluss mittels zweier Waschschritte entfernt. Die Proben wurden binnen 2 h nach der Färbung im Durchflusszytometer gemessen. Bei der Messung wurden mindestens 50.000 CD4+ Ereignisse eingeschlossen. Die exemplarische Auswertung einer durchflusszytometrischen Analyse nach einer CD4+CD25+Foxp3+ Färbung von murinen Milzzellen ist in der Abb. 4 dargestellt.

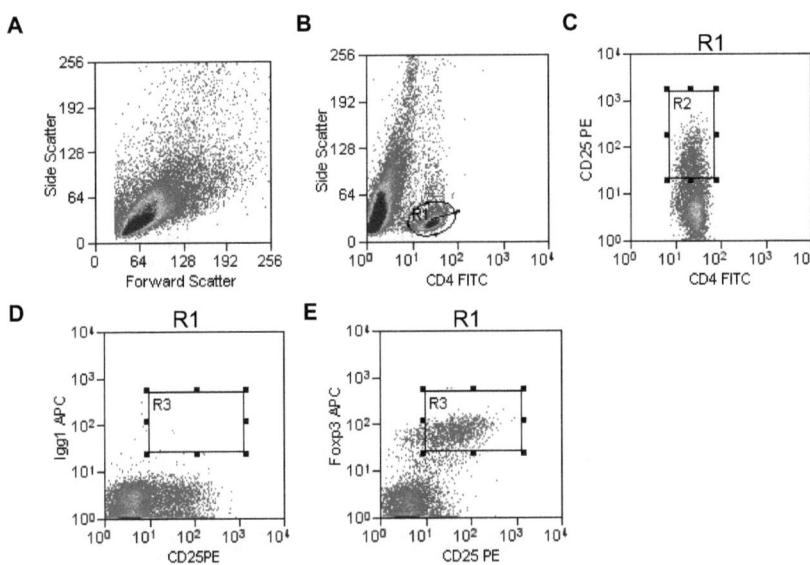

Abb. 4: Durchflusszytometrische Analyse von murinen CD4+CD25+FoxP3+ Zellen
Lymphknotenzellen wurden extrazellulär (CD4-FITC, CD25-PE) und intrazellulär (FoxP3-APC) angefärbt, im Durchflusszytometer analysiert und in DotPlot-Diagrammen ausgewertet. **(A)** Die Größe (FSC) und Granularität (SSC) wurden dargestellt. **(B)** Die CD4+ Signale wurden als Region eins (R1) zusammengefasst und im Folgenden **(C)** den CD25+ Messereignissen gegenübergestellt (R2). **(D)** Die Isotypkontrolle, der intrazellulären Färbung wurde gegen CD25+ Signale aufgetragen und **(E)** die CD25+ gegen die FoxP3+ Messereignisse (R3) dargestellt. Der prozentuale Anteil Foxp3+ Messereignisse ließ sich in der Region 3 ablesen. Die Region 3 wurde zuvor mit Hilfe der **(D)** Isotypkontrolle adjustiert.

2. Material und Methoden

2.2.12.5. Verteilungsstudie

Um die Verbreitung uveitogener Lymphozyten nach dem *adoptiven Transfer* zu charakterisieren, wurden diese Zellen mit CFSE, einem Fluoreszenzfarbstoff, markiert und Mäusen anschließend mit einer 1 ml Spritze und einer 27G Kanüle i.p. injiziert. Den Kontrolltieren wurde PBS injiziert. Nach 6, 12 und 24 h wurden peripheres Blut, die LN, Milz, Leber, Lunge, das Gehirn und die Augen für die durchflusszytometrische Analyse entnommen.

2.2.12.5.1. CFSE-Markierung

Die uveitogenen Lymphozyten wurden in warmen PBS (1×10^6/ml) mit 25 µM CFSE resuspendiert und für 15 min in 50 ml Zentrifugen-Röhrchen bei 37 °C inkubiert. Anschließend wurden die Zellen für 10 min bei 500xg zentrifugiert und in warmen Lymphozytenmedium aufgenommen. Die Zellen wurden erneut für 30 min bei 37 °C inkubiert. Anschließend wurden die Zellen zweimal mit PBS gewaschen, gezählt und auf eine Konzentration von 2×10^7/100 µl eingestellt. Anschließend wurden jeder Maus 2×10^7 Zellen i.p. injiziert. Die Kontrolltiere erhielten eine i.p. Injektion von 100 µl PBS.

2.2.12.5.2. Durchflusszytometrische Analyse

Nach 6,12 und 24 h wurden die Zellen aus dem peripheren Blut, den LN, der Milz, der Leber, der Lunge den Augen und dem Gehirn isoliert. Bei der Herstellung der Zellsuspension aus Leber, Lunge, Gehirn und Augen wurde wie bei der Lymphozytenisolation aus Lymphknoten (s. 2.2.6.) vorgegangen. Diese Zellen wurden zusätzlich, wie auch die PBMC aus dem peripheren Blut, mittels Ficollgradient aufgereinigt. Dazu wurden die Zellen in PBS aufgenommen und in einem Verhältnis von 2:1 auf Ficoll geschichtet. Nach einer 15-minütigen Zentrifugation bei 800xg bildete sich ein Ring aus Lymphozyten und gewebeständigen Zellen, der vorsichtig abpipettiert wurde. Die Zellen wurden zweimal mit PBS gewaschen und mit dem Durchflusszytometer hinsichtlich ihrer Fluoreszenz analysiert (s. Abb. 5). Dabei wurden 50.000 Ereignisse gemessen.

2. Material und Methoden

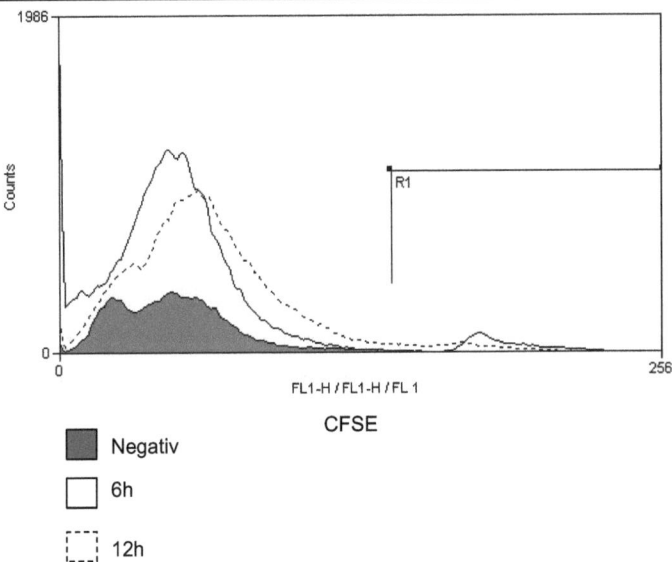

Abb. 5. Durchflusszytometrische Analyse CFSE⁺ Zellen nach adoptivem Transfer Naiven Mäusen wurden CFSE⁺ uveitogene Zellen i.p. injiziert. Nach 6 und 12 h wurden die Zellen aus unterschiedlichen Kompartimenten isoliert und im Durchflusszytometer hinsichtlich CFSE⁺ Zellen analysiert. Es wurden 50.000 Ereignisse gemessen. Exemplarisch ist die Analyse von Leberzellen aus Negativkontrolltieren sowie aus Tieren 6 und 12 h nach der Injektion CFSE⁺ Zellen dargestellt. Der prozentuale Anteil CFSE⁺-Messereignisse wurden in der Region 1 (R1) abgelesen.

2.2.13. Intraokulare Zytokinbestimmung

2.2.13.1. Probengewinnung

Ein Teil der Kryoaugen wurde für die intraokulare Zytokinbestimmung herangezogen. Die Augen wurden einzeln in Homogenisatoren mechanisch zerkleinert und in 1 ml 4 °C kaltem PBS aufgenommen. Dem PBS wurden Proteinasehemmer (10 µM Leupeptin, 1 µM Pepstatin A und 1 mM Phenylmethansulfonylfluorid) hinzugefügt, um einer Proteindegradation entgegenzuwirken. Das Homogenat wurde auf Eis lagernd für 30 sec mit Ultraschall behandelt und die Zelltrümmer anschließend in einer Tischzentrifuge für 1 min bei 13.000xg pelletiert. Der Überstand wurde bei -80 °C gelagert, bis er in einem Multiplex-Bead-Array auf seinen Gehalt an unterschiedlichen Zytokinen getestet wurde.

2.2.13.2. Multiplex-Bead Array

Die Multiplex-Bead Array Technologie ermöglicht die Quantifizierung von löslichen Zytokinen und Chemokinen in Serum, Plasma, Vorderkammerwasser und anderen Körperflüssigkeiten oder Zellkulturüberständen. Dabei werden die Zielproteine an Beads unterschiedlicher Größe gekoppelt und mit einem fluoreszenzmarkierten Antikörper für die durchflusszytometrische Analyse markiert (Khan, Smith et al. 2004). In dieser Arbeit wurde das Th1/Th2 Multiplex-Bead Array Kit von Bendermed (Österreich) zur simultanen Detektion von IL-1α, IL-2, IL-4, IL-5, IL-6, IL-10, IL-17, TNFα, IFNγ und GM-CSF (engl.: granulocyte macrophage colony-stimulating factor) eingesetzt. Das Kit enthielt alle für den Test notwendigen Komponenten. Die Durchführung des Tests erfolgte nach dem beigefügten Protokoll.

Enthalten waren zehn lyophylisierte Zytokine zur Anfertigung einer Standardreihe. Dazu wurden die lyophylisierten Zytokine in Aqua dest. aufgelöst. Danach wurde eine für jedes Zytokin spezifisch vorgegebene Menge in ein 1,3 ml PP-Röhrchen pipettiert. Die Lösung wurde sorgfältig mit einem Vortex-Schüttler gemischt. Von dieser Standardmischung wurden acht serielle 1:2 Verdünnungen, inklusive Leerwert, angefertigt.

Um später zehn Zytokine gleichzeitig in einem Probenvolumen von 25 µl messen zu können, wurden zehn unterschiedliche Beadpopulationen eingesetzt. Jede Beadpopulation war mit einem anderen Zytokin-spezifischen Antikörper beschichtet. Desweiteren unterschieden sich die Beadpopulationen durch ihre Größe (Abb. 6A) und ihr Spektrum voneinander (Abb. 6B, C). Die zehn Beadpopulationen wurden zu gleichen Teilen in ein 50 ml Zentrifugenröhrchen gemischt und mit dem Kit beigefügten Assay-Puffer gewaschen, für 5 min bei 3000xg zentrifugiert und in frischem Assay-Puffer aufgenommen.

Um später die an die Beads gebundenen Zytokine detektieren zu können, wurde ebenfalls eine Mischung aus zehn unterschiedlichen Sekundärantikörpern hergestellt, die mit Biotin markiert waren. Im ersten Schritt wurden je 25 µl der Beadmischung, 25 µl der Standardreihe und 25 µl der Probe (Mausaugenüberstand) mit 50 µl der Mischung aus biotinylierten Sekundärantikörper in ein 1,3 ml PP-Röhrchen gegeben. Die Proben wurden auf dem Vortex-Schüttler gemischt und für 2 h im Dunkeln (RT) inkubiert. Ungebundene Zytokine und Sekundärantikörper wurden in zwei anschließenden Waschschritten entfernt. Dazu wurde zu jedem Ansatz 1 ml Assay-Puffer pipettiert und die Beads bei 200xg für 5 min pelletiert.

2. Material und Methoden

Um die spezifisch gebundenen Sekundärantikörper zu detektieren, wurde zu jedem Ansatz 50 µl einer Streptavidin-PE Lösung hinzugefügt. Die Ansätze wurden eine weitere Stunde im Dunkeln (RT) inkubiert. Im Anschluss daran wurden die Ansätze erneut zweimal gewaschen und abschließend in ein Volumen von 300 µl Assay-Puffer aufgenommen. Die durchflusszytometrische Messung der Proben erfolgte im FACSCalibur (BD) und die Analyse mit der Flow Zytomix Pro Software (Bendermed).

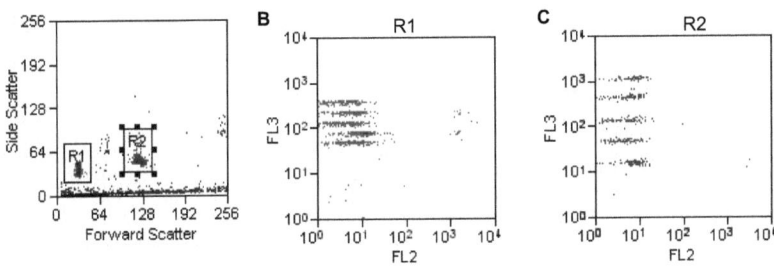

Abb. 6: Durchflusszytometrische Analyse des Th1/Th2 Multiplex-Bead Array Um 10 Zytokine gleichzeitig in einer Probe zu quantifizieren, wurden 10 unterschiedliche Beadpopulationen eingesetzt. **(A)** Die Beadpopulationen ließen sich im Forward- und Side-Scatter in zwei unterschiedliche Populationen unterteilen und wurden als Region **(B)** eins und **(C)** zwei ausgewählt und in weiteren DotPlot- Diagrammen FL3 gegen FL2 (PE) dargestellt. Die Beads einer jeden Population ließen sich anhand ihrer Fluoreszenzintensität im Fluoreszenzkanal drei in je fünf weitere Beadpopulationen zerlegen. Die Fluoreszenzintensität in Kanal 2, in dem die PE-Färbung detektiert wurde, war ein Maß für die Menge des an den jeweiligen Bead gebundenen Zytokins.

2.2.14. Suppressionsassay
2.2.14.1. Fraktionierung von T-Zellen und Antigen-präsentierenden Zellen

Um T-Zellen aus Milzzellen zu isolieren, wurde eine Aufreinigung mit einer Nylonwollsäule durchgeführt. Das Aufreinigungsprinzip der Nylonwollsäule beruht auf der Adhärenz einiger Leukozytenarten (B-Lymphozyten, Mφ und DZ) sowie von Zelltrümmern an der Oberfläche der Nylonwolle. T-Zellen adhärieren jedoch nicht an Nylonwolle und können somit effizient aus einem heterogenen Leukozyten-Zellgemisch angereichert werden (Corrigan, O'Kennedy et al. 1979). Zur Vorbereitung wurde zunächst eine Nylonwollsäule hergestellt. Dazu wurde 1 g Nylonwolle in eine 10 ml Spritze gestopft und autoklaviert. Die sterile Säule wurde mit Lymphozytenmedium gefüllt und eine Stunde in einem CO_2-Inkubator (37 °C, 5 % CO_2) inkubiert.

2. Material und Methoden

Anschließend wurde das Medium durch frisches ersetzt und die in 3 ml Lymphozytenmedium resuspendierten Milzzellen auf das Säulenbett aufgegeben. Die Spritze wurde durch den Spritzenstempel und einen Luer-Lock Verschluss steril verschlossen und für eine weitere Stunde in einem CO_2-Inkubator (37 °C, 5 % CO_2) inkubiert. Danach wurden die T-Zellen mit 50 ml 37 °C warmem Lymphozytenmedium eluiert und bei 500xg pelletiert. Um die an der Nylonwolle adhärierenden Zellen zu eluieren, wurde die Spritze mit 20 ml eiskaltem PBS gefüllt und die Zellsuspension mit dem Stempel der Spritze herausgedrückt.

2.2.14.2. Mytomycin C Behandlung

Die adhärenten Zellen, die aus der Nylonsäule gewonnen wurden, wurden in ihrer mitotischen Aktivität gestoppt, indem sie mit Mytomycin C behandelt wurden. Dazu wurden die Zellen auf 2×10^6 Zellen/ml eingestellt und mit 10 µg/ml Mytomycin C versetzt. Die Zellen wurden für 2 h in einem Wasserbad bei 37 °C inkubiert und im Anschluss dreimal mit PBS gewaschen. Die lebenden Zellen wurden mittels Ficoll von toten Zellen und Debris getrennt. Dazu wurden die Zellen in PBS aufgenommen und in einem Verhältnis von 2:1 auf Ficoll geschichtet. Nach einer 15-minütigen Zentrifugation bei 800xg bildete sich ein weißer Lymphozytenring, der vorsichtig abpipettiert wurde. Die Zellen wurden zweimal mit PBS gewaschen, in Medium aufgenommen und in einem Suppressionsassay als APZ eingesetzt.

2.2.14.3. Anteil FoxP3$^+$ Zellen in CD4$^+$CD25$^+$ und CD4$^+$CD25$^-$ Splenozyten

Die durchflusszytometrische Analyse von murinen CD4$^+$CD25$^+$ und CD4$^+$CD25$^-$ Splenozyten ergab, dass CD4$^+$CD25$^+$ Zellen durch einen erhöhten Anteil FoxP3$^+$ Zellen (91% FoxP3$^+$) charakterisiert sind. Hingegen zeichneten sich die CD4$^+$CD25$^-$ Zellen überwiegend als FoxP3$^-$ Zellen (6,5% FoxP3$^+$) aus (s. Abb. 7A-E). Da eine FoxP3-Expression mit dem regulatorischen Phänotyp assoziiert ist (Fontenot, Gavin et al. 2003; Hori, Nomura et al. 2003), wurden für den Suppressionsassay CD4$^+$CD25$^+$ und CD4$^+$CD25$^-$ sortiert und später die immunsuppressive Kapazität der CD4$^+$CD25$^+$ Zellen im Suppressionsassay analysiert.

2. Material und Methoden

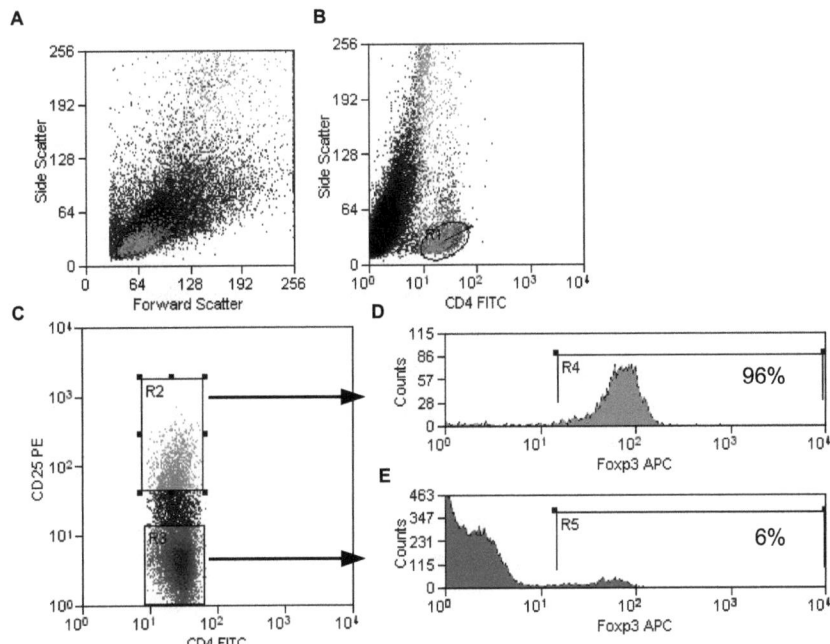

Abb. 7. Frequenz FoxP3⁺ Zellen in murinen CD4⁺CD25⁺ und CD4⁺CD25⁻ Splenozyten Nach einer erfolgten extrazellulären (CD4- FITC, CD25-PE) und intrazellulären Färbung (FoxP3-APC) wurden Splenozyten im Durchflusszytometer analysiert. Es wurden 50.000 CD4⁺ Ereignisse gemessen. Die gemessenen Ereignisse wurden in DotPlot-Diagrammen ausgewertet. **(A)** Zunächst ließen sich die Größe (FSC) und Granularität (SSC) der gemessenen Ereignisse darstellen. **(B)** Im Folgenden wurden die CD4⁺ Ereignisse als Region eins (R1) zusammengefasst. **(C)** Die CD4⁺ Populationen (R1) wurde in einem weiteren DotPlot-Diagramm den CD25⁺ Messereignissen gegenübergestellt und die CD4⁺CD25⁺ (R2) von den CD4⁺CD25⁻ (R3) Messereignissen abgegrenzt. Die Region zwei und drei wurde ausgewählt und die FoxP3⁺ Messereignisse in separaten Histogrammen **D** (R2) sowie **E** (R3) dargestellt. Der prozentuale Anteil Foxp3⁺ Messereignisse ließ sich **(D)** in der Region 5 und **(E)** in der Region 4 ablesen.

2. Material und Methoden

2.2.14.4. Sortierung von CD4⁺CD25⁺ und CD4⁺CD25⁻ Lymphozyten

Aus einer Suspension von Milzzellen wurde die T-Zellpopulation von den restlichen Zellen durch die Aufreinigung über eine Nylonsäule isoliert (s. 2.2.14.1). Anschließend wurden die Zellen mit einem anti-CD4-FITC und anti-CD25-PE extrazellulär angefärbt (s. 2.2.12.3). Es wurde ebenfalls eine Probe mit den entsprechenden Isotypkontrollen inkubiert. Die Isolation der CD4⁺CD25⁺ und CD4⁺CD25⁻ Lymphozyten erfolgte in einem FACSDiva Zellsortierer (s. 2.2.12.2). Dabei wurde die Probe mit den Isotyp- markierten Zellen zur Grundeinstellung des Gerätes verwendet. Zuerst wurden die Zellen nach ihrer Größe (FSC) und ihrer Granularität (SSC) in einem DotPlot dargestellt und als Region eins (R1) ausgewählt (Abb. 8A). Die eingegrenzten Zellen wurden nun in einem weiteren DotPlot dargestellt und nach der Weite (FSC-W) und Fläche (FSC-A) im Forward-Scatter aufgetrennt (Abb. 8B), um so zwischen singulären Signalen und Dubletten zu unterscheiden. Die singulären Signale wurden zu einer zweiten Region (R2) zusammengefasst und anschließend in einem DotPlot entsprechend ihrer Fluoreszenz dargestellt (Abb. 8C). Diese Messung bildete die Grundlage für die anschließende Sortierung, der mit anti-CD4 und -CD25 markierten Zellen. Diese wurden bei unveränderter Einstellung mit dem FACSDiva Zellsortierer gemessen. Es wurden zwei Regionen CD4⁺CD25⁺ und CD4⁺CD25⁻ Zellen zur Sortierung ausgewählt (Abb. 8D) und in sterilen FACS-Röhrchen mit 2 ml Lymphozytenmedium aufgefangen.

2.2.14.5. Suppressionsassay mit 3[H]-Thymidin

Die aus der Milz mittels Nylonwolle isolierten T-Zellen (s. 2.2.14.1) wurden mit fluoreszenzmarkierten Antikörper gegen die Oberflächenantigene CD4 und CD25 extrazellulär markiert (s. 2.2.12.3). Anschließend wurden die Zellen in einem Zellsortierer nach ihrer Fluoreszenz in CD4⁺CD25⁺ und CD4⁺CD25⁻ Zellen sortiert
(s. 2.2.14.4). Die APZ-Zellfraktion aus der Nylonwollsäule (s. 2.2.14.1.) wurde mit Mytomycin C (s. 2.2.14.2) behandelt um einen Zellzyklusarrest zu erzielen. Die Zellen wurden in Medium aufgenommen. Es wurden 1×10^4 Zellen der APZ-Fraktion mit $0,5 \times 10^5$ Zellen der CD4⁺CD25⁺ und $0,5 \times 10^5$ Zellen der CD4⁺CD25⁻ Zellen in einer 96- Mikrotiterplatte (Rundboden) kultiviert. Diese Zellen wurden mit Medium und 30 µg/ml IRBP$_{P161-180}$ stimuliert und für 72 h in einen CO_2-Inkubator (37 °C, 5 % CO_2) kultiviert. Die Proliferation wurde analog zu dem Proliferationstest (s. 2.2.8) anhand der 3[H]-Thymidin Inkorporation ermittelt.

2. Material und Methoden

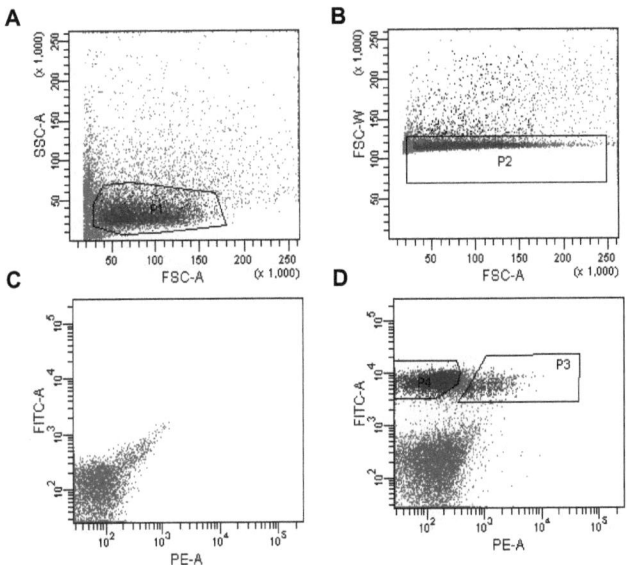

Abb. 8: Zellsortierung Um CD4⁺CD25⁺ und CD4⁺CD25⁻ Zellen aus Gesamtmilzzellen zu isolieren wurden die Zellen extrazellulär mit anti-CD4-FITC und anti-CD25-PE Antikörper markiert und mit einem Zellsortierer sortiert. **(A)** Dazu wurde die Zellpopulation im FSC-/SSC-Diagramm als Region eins (R1) ausgewählt und **(B)** in einem DotPlot, in dem die FSC-Weite (FSC-W) gegen die FSC-Fläche (FSC-A) dargestellt wurde, aufgetragen. Die singulären Signale wurden als zweite Region (R2) ausgewählt. **(C)** Die Isotypenkontrolle diente zur Grundeinstellung. **(D)** Die gemessenen Ereignisse der zweiten Region wurden hinsichtlich ihrer Fluoreszenz im FITC und PE-Bereich analysiert und die CD4⁺CD25⁻- und die CD4⁺CD25⁺-Zellpopulation zur Sortierung ausgewählt.

2.2.15. Monozentrische Phase II-Studie

2.2.15.1. Studiendesign

In einer monozentrischen Phase II-Studie wurde die Sicherheit und Wirksamkeit von Everolimus bei Patienten mit endogener, nicht-infektiöser intermediärer, posteriorer oder Panuveitis untersucht. Die Studie erfolgte nach den Grundsätzen der Erklärung von Helsinki. Die Einwilligungserklärung aller teilnehmenden Patienten wurde vor Studienbeginn eingeholt. Die Studie wurde durch die lokale Ethikkommission genehmigt und unter der Bezeichnung EudaCT-No.2006-004876-10 durchgeführt.

2. Material und Methoden

In diese Studie wurden 12 Patienten mit einer aktiven Uveitis eingeschlossen, die mindestens drei Monate andauerte und auch unter der täglichen Therapie mit ≥ 3 Tropfen 1 % Prednisolon Acetat, systemischer Prednisolon-Therapie (≥ 10 mg) und Cyclosporin A (≥ 3 mg/kg) nicht stabilisiert werden konnte.

Diese Teilnehmer wurden für 12 Monate additiv oral mit 1,5-2,5 mg Everolimus (Certican®) behandelt. Der Verlauf der Uveitis wurde während des Behandlungszeitraumes und innerhalb von 12 Monaten nach dem Absetzen der Everolimustherapie untersucht. Den Patienten wurde vor Beginn und im 1., 4., 6. und 12. Monat der Behandlung sowie 6 Monate nach Behandlungsende 10 ml peripheres Vollblut in Heparin-Röhrchen entnommen, um die peripheren mononukleären Blutzellen (PBMC) in der Durchflusszytometrie zu analysieren.

2.2.15.2. Analyse der CD3⁺CD4⁺CD25⁺FoxP3⁺ Zellen

Aus 6 ml Vollblut wurden die PBMC mittels Ficoll isoliert. Dazu wurden die Zellen in PBS aufgenommen und in einem Verhältnis von 2:1 auf Ficoll geschichtet. Nach einer 15-minütigen Zentrifugation bei 800xg bildete sich ein weißer Lymphozytenring, der vorsichtig abpipettiert wurde. Die so isolierten Lymphozyten wurden zweimal mit PBS gewaschen und gezählt. Es wurden jeweils 1×10^6 Zellen pro Färbung eingesetzt. Zuerst wurden die Zellen extrazellulär gegen CD3, CD4 und CD25 Antikörper angefärbt (s. 2.2.12.3). Für die Anfertigung der intrazellulären FoxP3-Färbung wurde mit einem FoxP3-Färbe-Puffer Set (eBioscience) nach Anleitung des Herstellers weitergearbeitet (s. 2.2.12.4.). Die Zellen wurden zuerst fixiert, permeabilisiert und die intrazellulären unspezifischen Bindungsstellen mit 1 % Mausserum für 10 min bei 4 °C blockiert. Anschließend wurde der APC-markierte anti-FoxP3-Antikörper (Ratte-anti-human) oder die entsprechende Isotypkontrolle hinzugefügt. Die Menge entsprach den Herstellerangaben. Die Färbung erfolgte bei 4 °C für 45 min. Nach der Inkubationszeit wurden die Proben erneut zweimal mit dem Waschpuffer gewaschen. Die durchflusszytometrische Analyse erfolgte binnen 2 h nach der Färbung. Dabei wurden mindestens 50.000 CD3⁺CD4⁺ Ereignisse gemessen (Abb. 9).

2. Material und Methoden

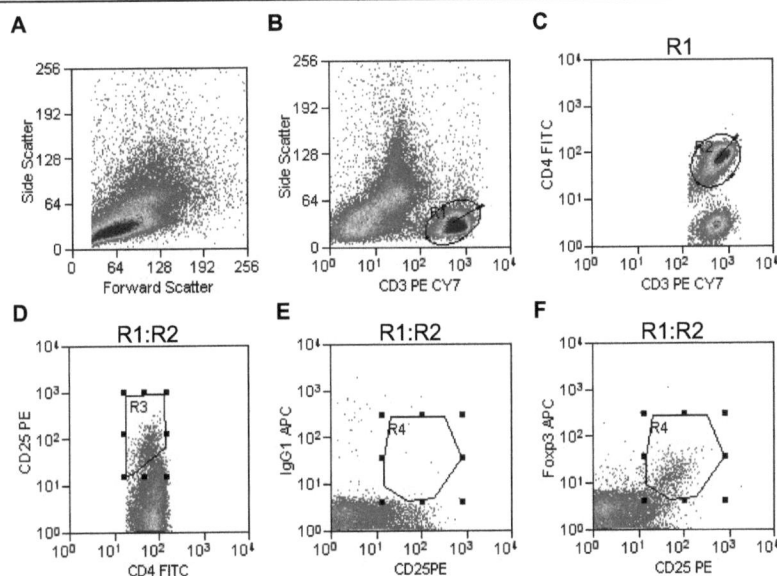

Abb. 9. Durchflusszytometrische Analyse humaner $CD3^+CD4^+CD25^+FoxP3^+$ Zellen Lymphozyten wurden extrazellulär (CD3-PE-Cy7, CD4-FITC, CD25-PE) und intrazellulär (FoxP3-APC) angefärbt und im Durchflusszytometer analysiert. Es wurden 50.000 $CD3^+CD4^+$ Ereignisse gemessen und in DotPlot-Diagrammen ausgewertet. **(A)** Zunächst ließen sich die Ereignisse als eine Population im FSC und SSC darstellen. **(B)** Die $CD3^+$ Ereignisse wurden dem SSC gegenübergestellt und als Region eins (R1) zusammengefasst. **(C)** Die $CD3^+$ Populationen (R1) wurde den $CD4^+$ Signalen gegenübergestellt und eine $CD3^+CD4^+$ Region (R2) eingegrenzt. Die Region 1 und 2 wurden miteinander verknüpft und die **(D)** $CD25^+$ Messereignisse (R3) separat dargestellt. In einem weiteren Diagramm wurden die $CD25^+$ Messereignisse mit **(E)** der intrazellulären Isotypkontrolle und **(F)** den $FoxP3^+$ Messereignisse (R4) dargestellt. Der prozentuale Anteil $Foxp3^+$ Messereignisse ließ sich in der **(F)** Region 4 ablesen. Die Region 4 wurde zuvor mit Hilfe der **(E)** Isotypkontrolle adjustiert.

2.2.16. Statistik

Für die Analyse der statistischen Unterschiede der EAU Schweregrade zwischen zwei Gruppen wurde der Mann-Whitney-U-Test herangezogen. Die statistische Analyse der Inzidenz wurde mit dem Chi^2-Test durchgeführt. Zur Analyse der DTH, der 3[H]-Thymidin-Tests, der ELISA und der Daten der Durchflusszytometrie wurde der Student *t*-test eingesetzt. Die statistischen Analysen wurden mit der Software SPSS PASWStatistics 18.0 durchgeführt.

3. Ergebnisse

3.1. Etablierung des murinen EAU-Modells

Auslösung der EAU mittels Immunisierung mit IRBP$_{P161-180}$

Dieses einleitende Experiment wurde durchgeführt, um die optimale Menge an PTX bei der *Immunisierung* mit IRBP$_{P161-180}$ und CFA zu bestimmen, und auf diese Weise das Krankheitsbild der EAU in B10.RIII Mäusen reproduzierbar zu induzieren. Die Dosierung von IRBP$_{P161-180}$ und CFA wurde entsprechend der vorliegenden Literatur für diesen suszeptiblen Mäusestamm gewählt (Silver, Chan et al. 1999; Shao, Fu et al. 2005). Dazu wurden vier Gruppen mit jeweils 5 Tieren gebildet (s. Tab. 1). Die Tiere wurden narkotisiert. Anschließend wurde den Mäusen IRBP$_{P161-180}$/ CFA s.c. in den Bereich der Schwanzwurzel injiziert. Zusätzlich erhielten die Tiere eine i.p. Injektion von 0 µg, 0,5 µg oder 1 µg PTX. Den Negativkontrolltieren wurden PBS/ CFA s.c. und PBS i.p. injiziert. Die Tiere wurden 21 Tage nach der *Immunisierung* getötet und beide Augen histologisch begutachtet. Der Schweregrad der Entzündung wurde nach dem Bewertungssystem (s. 2.2.5.4.) der Arbeit von Caspi *et al.* (Caspi, Roberge et al. 1988) bestimmt. Zu den typischen pathologischen Merkmalen der posterioren Uveitis zählen die Vitritis, die Bildung von Granulomen sowie die Ablösung der Netzhaut. Die Negativkontrolltiere wiesen keine pathologischen Veränderungen der Netzhaut auf (Abb. 10A).

Tab. 1: Die Rolle von PTX bei der EAU-Induktion im Immunisierungsmodell Für die Induktion der EAU mittels *Immunisierung* mit IRBP$_{P161-180}$ und CFA war die zusätzliche Gabe von 0,5 µg PTX ausreichend.

Immunisierung	n	EAU-Schweregrad	Inzidenz in %
PBS/ CFA s.c. PBS i.p.	5	0±0	0
100 µg IRBP$_{P161-180}$/ CFA s.c. PBS i.p.	5	0±0	0
100 µg IRBP$_{P161-180}$/ CFA s.c. 0,5 µg PTX i.p.	5	1,6±0,7	100
100 µg IRBP$_{P161-180}$/ CFA s.c. 1 µg PTX i.p.	5	1,3±0,8	100

3. Ergebnisse

Die Tiere, die zu IRBP$_{P161-180}$/ CFA auch 0,5 µg (1,6±0,7) oder 1 µg PTX (1,3±0,8) erhielten, entwickelten bilaterale pathologische Veränderungen der Netzhaut, die dem für die EAU beschriebenen histologischen Erscheinungsbild entsprachen (Abb. 10B). Da die Tiere bei der *Immunisierung* teilweise mit 0,5 µg und 1 µg PTX mehr als 20 % an Gewicht verloren (Daten nicht gezeigt) und einzelne Tiere verstarben, wurde die Menge für die folgenden Versuche auf 0,4 µg PTX festgelegt.

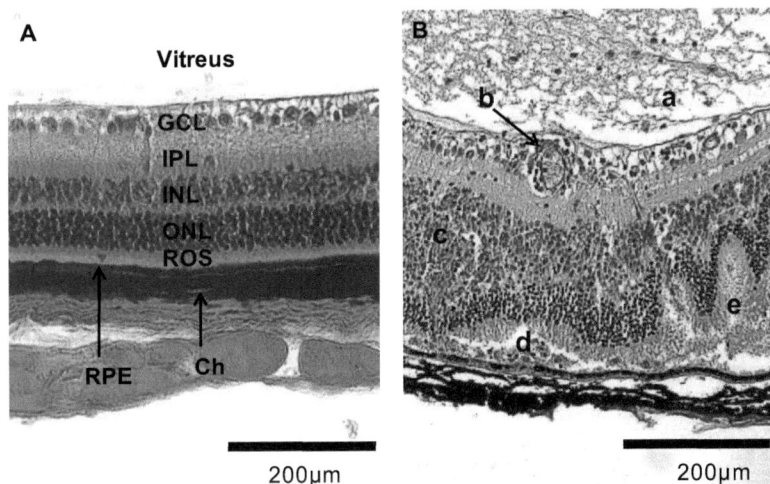

Abb. 10: Histologie eines gesunden und eines EAU-erkrankten Auges (A) Histologie einer normalen Retina: **V:** Vitreus, **GCL:** Ganglionzellschicht (engl.: ganglion cell layer, GCL), **IPL:** innere Plexiform Schicht (engl.: inner plexiform layer, IPL), **INL:** innere Körnerschicht (engl. inner nuclear layer, INL), **ONL:** äußere Körnerschicht (engl. outer nuclear layer, ONL), **ROS:** äußere Photorezeptor Segmente (engl. rod outer segments, ROS), **RPE:** Retinales Pigment Epithel, **Ch:** Choroidea; **(B)** Histologie der Retina einer B10.RIII Maus 21 Tage nach der *Immunisierung* mit IRBP$_{P161-180}$/CFA und PTX. Die Analyse der Histologie zeigt **a:** massives Infiltrat aus Leukozyten in der Retina und dem Vitreus, **b:** Vaskultis, **c:** Bildung von Granulomen, **d:** Netzhautablösung und **e:** Netzhautfaltung

Die Zusammensetzung des entzündlichen Infiltrats im Auge sollte im Folgenden immunhistochemisch charakterisiert werden. Die Analyse ergab, dass sich das entzündliche Infiltrat überwiegend aus Gr-1+ und F4/80+ Zellen zusammensetzte. Weiterhin waren CD4+ und vereinzelte CD8+ Zellen nachweisbar (s. Abb. 11 A-E). Dies entsprach den Resultaten aus früheren Arbeiten (Chan, Caspi et al. 1990; Jiang, Lumsden et al. 1999).

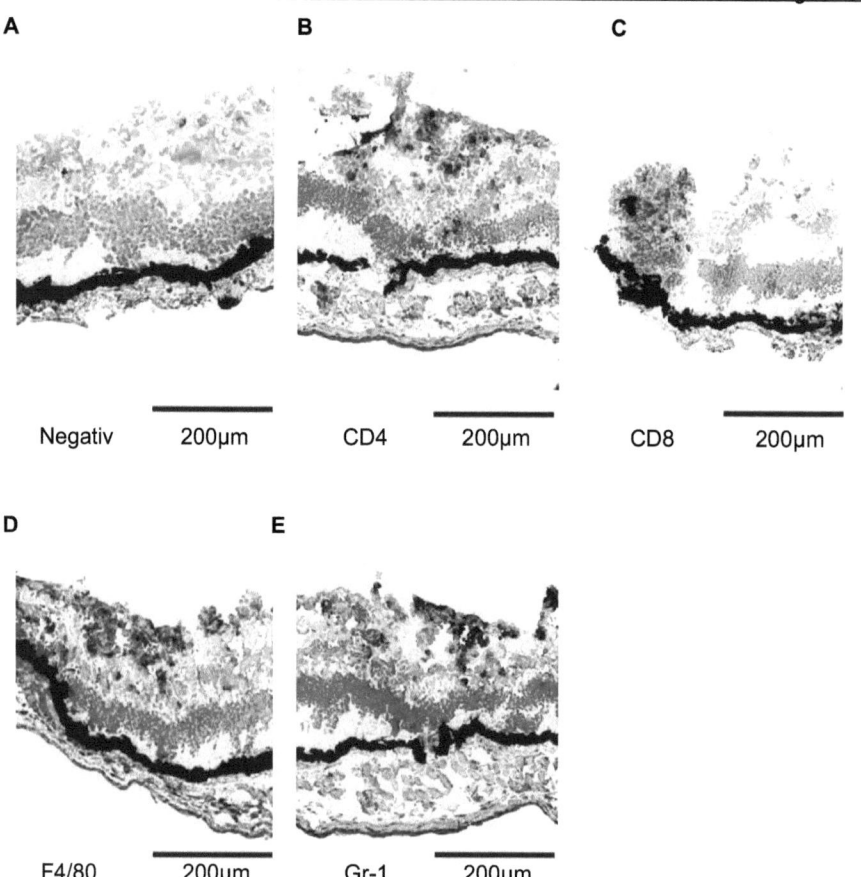

Abb. 11: Charakterisierung des intraokularen entzündlichen Infiltrats Die Augen von B10.RIII Mäusen wurden am Tag 21 nach der *Immunisierung* schockgefroren. Es wurden Kryostatschnitte angefertigt, die **(A)** ohne und mit Antikörper gegen **(B)** CD4, **(C)** CD8, **(D)** F4/80 und **(E)** Gr-1 und immunhistochemisch angefärbt wurden.

Auslösung der EAU durch adoptiven Transfer uveitogener Lymphozyten

Um die EAU in B10.RIII Mäusen mittels *adoptivem Transfer* auszulösen, wurden den Tieren 1×10^7 uveitogene Zellen i.p. injiziert, die vorher aus EAU-erkrankten Tieren isoliert und für drei Tage mit $IRBP_{P161-180}$ stimuliert wurden. Diese Lymphozyten waren durch die erhöhte Sezernierung von IL-2, IFNγ, IL-6 und IL-17 in der Zellkultur gekennzeichnet (s. Tab. 2). Den Negativkontrolltieren wurden statt der uveitogenen Zellen PBS verabreicht.

Tab. 2: Zytokinmuster uveitogener Lymphozyten. Die Zellkulturüberstände uveitogener Zellen, die bei dem *adoptiven Transfer* eingesetzt wurden, wurden im ELISA auf den Gehalt an Th1-, Th2- und Th17-Zytokinen untersucht. Die Mittelwerte aus drei separaten Versuchen wurden dargestellt.

	Zytokin	pg/ml
Th1	IL-2	315±155
	IFNγ	1128±678
Th2	IL-6	1723±437
	IL-10	155±287
Th17	IL-17	2212±1114

Die Tiere wurden 14 Tage nach dem *adoptiven Transfer* getötet und der EAU-Schweregrad histologisch ermittelt. Die Augen der Tiere nach *adoptivem Transfer* wiesen bilaterale pathologische Veränderungen der Retina mit einem mittleren Entzündungsschweregrad von 2,4±1,1 auf, während die Augen der Kontrolltiere gesunden Tieren entsprachen (s. Abb. 5A). Die histologischen Merkmale der EAU ähnelten denen der *immunisierten* Tiere (Abb. 10B) und zeichneten sich ebenfalls durch ein zelluläres Infiltrat bestehend aus Gr-1+ und F4/80+ Zellen sowie CD4+ und einigen CD8+ Zellen (s. Abb. 11A-E) aus.

Die Ähnlichkeit in der Pathologie und der an der Entzündung beteiligten Immunzellen, die durch die *Immunisierung* mit retinalem Antigen oder dem *adoptiven Transfer* uveitogener Lymphozyten induziert wurden, stimmte mit den Ergebnissen bereits vorliegenden Arbeiten überein (Mochizuki, Kuwabara et al. 1985; McAllister, Wiggert et al. 1987; Rizzo, Silver et al. 1996).

Verteilungsstudie CFSE-markierter uveitogener Lymphozyten nach i.p. Injektion

Um das Verteilungsmuster der transferierten Zellen im *adoptiven Transfermodell* zu analysieren, wurden den Tieren CFSE-gefärbte uveitogene Zellen i.p. injiziert (s.2.2.12.5.). Als Negativkontrollen dienten Tiere, denen PBS injiziert wurde. Nach 6, 12 und 24 h Stunden wurde den Tieren peripheres Blut entnommen. Anschließend wurden die Tiere getötet und die Augen, LN, Milz, Lunge, Leber sowie das Gehirn entnommen. Es wurden Zellsuspensionen hergestellt, die im Durchflusszytometer auf ihren prozentualen Gehalt CFSE+ Zellen analysiert wurden (s. 2.2.12.5.2.). In den Proben der Negativkontrolltiere wurden keine CFSE+ Ereignisse gemessen.

3. Ergebnisse

Bereits 6 h nach dem *adoptiven Transfer* wurde eine separate Population CFSE$^+$ Zellen in den Zellsuspensionen der Leber und der Lunge detektiert. Dieser Anteil nahm nach 12 und 24 h deutlich ab (s. Tab. 3). Im peripheren Blut, den LN, der Milz und den Augen wurden zu den untersuchten Zeitpunkten vereinzelte CFSE$^+$ Ereignisse detektiert, deren Anteil sich zu den untersuchten Zeitpunkten nicht unterschieden (s. Tab. 3). Im Gehirn wurden zu keinem Zeitpunkt CFSE$^+$ Ereignisse gemessen (s. Tab. 3).

Tab. 3: Eine durchflusszytometrische Verteilungsstudie uveitogener Zellen nach adoptivem Transfer Die Verteilung CFSE$^+$ uveitogener Lymphozyten in B10.RIII Mäusen 6, 12 und 24 h nach adoptivem Transfer

Organ	6h	12h	24 h
Leber	4,1 %	2,1 %	1,1 %
Lunge	3,1 %	1,4 %	0,14 %
Gehirn	0 %	0 %	0 %
PBMC	0,01 %	0,02 %	0 %
Auge	0,01 %	0,02 %	0,01 %
LN	0,01 %	0,02 %	0,02 %
Milz	0,07 %	0,06 %	0,09 %

3.2. Everolimusbehandlung

3.2.1. Einfluss der Everolimusbehandlung auf den Schweregrad und der Inzidenz der EAU

Es galt den Einfluss von Everolimus auf den Verlauf der EAU zu bestimmen. Dazu wurde in B10.RIII Mäusen eine posteriore Uveitis durch die *Immunisierung* mit IRBP$_{P161-180}$ (s.2.2.1.2) oder durch den *adoptiven Transfer* uveitogener Lymphozyten (s.2.2.1.3) induziert. Der Schweregrad der Entzündung wurde histopathologisch (s. 2.2.5.4) bestimmt.

Immunisierung

Die Inzidenz der EAU betrug bei der *Immunisierung* mit retinalem Antigen (EAU) 87 % (Abb. 12A), der mittlere Schweregrad betrug 1,4±1,0. Sowohl die Inzidenz der prophylaktischen (Abb. 12A; EAU/EV d-2-d21; 26 %; *p*<0,001) als auch der therapeutischen (Abb. 12A; EAU/EV d14-d21; 25 %; *p*<0,05) Behandlungsgruppe war signifikant reduziert.

3. Ergebnisse

Zudem wurde in den prophylaktischen (Abb. 12A; 0,3±0,6; p<0,001) und therapeutischen (Abb. 12A; 0,5±1,0 p<0,05) Behandlungsgruppen ein signifikant niedrigerer EAU-Schweregrad festgestellt. Die Negativkontrolltiere (Negativ) wiesen keine intraokulare Entzündung auf (Abb. 12A).

Adoptiver Transfer

Die histopathologische Bewertung der Augen, von Tieren nach *adoptivem Transfer* uveitogener Lymphozyten (EAU), ergab eine Inzidenz von 93 % (Abb. 12B). Der mittlere Schweregrad bei den erkrankten Tieren betrug 1,7±1,1. Wurden die Tiere prophylaktisch (EAU/EV d-2-d14) mit Everolimus behandelt, führte dies zu einer signifikanten Reduktion der Inzidenz (40 %; p<0,05) und des EAU-Schweregrades (Abb. 12B; 0,3±0,7). Die therapeutische (EAU/EV d5-d14) Behandlung erzielte weder eine Minderung der Inzidenz noch eine signifikante Reduktion des EAU-Schweregrades (Abb. 12B; 1,3±0,9). Die Negativkontrolltiere (Negativ) wiesen keine pathologischen Veränderungen auf (Abb. 12A).

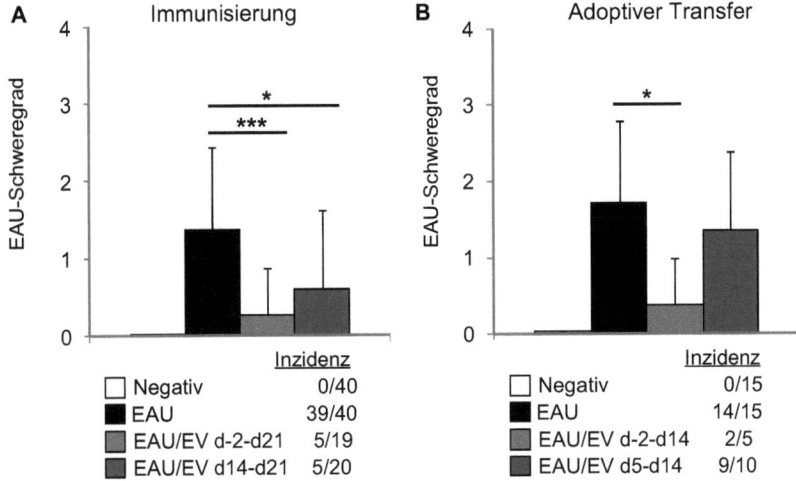

Abb. 12: Die Wirkung der Everolimusbehandlung auf die Inzidenz und den EAU-Schweregrad (A) *immunisierter*, unbehandelter (EAU), prophylaktisch (EAU/EV d-2-d21) und therapeutisch (EAU/EV d14-d21) mit Everolimus behandelter B10.RIII Mäuse und der Negativkontrolltiere (Negativ) **(B)** unbehandelte (EAU), prophylaktisch (EAU/EV d-2-d14) und therapeutisch (EAU/EV d5-d14) behandelter *adoptiver Transfer*-Tiere sowie der Negativkontrolltiere (Negativ) wurde in einer Übersichtsfärbung ermittelt. **(A, B)** Die EAU-Schweregrade aus jeweils zwei separaten Experimenten wurden zusammengefasst (*p<0,05; ***p<0,001).

3.2.2. Einfluss der EAU-Induktion und der Everolimusbehandlung auf das Körpergewicht

Um einen systemischen Effekt der EAU-Induktion und der peroralen Gabe mit und ohne Everolimus zu erfassen, wurden die Tiere während der experimentellen Arbeiten wöchentlich gewogen.

Immunisierung

Die Mäuse haben auf die aktive *Immunisierung*, aber auch auf die perorale Gabe, mit einer deutlichen Gewichtsreduktion reagiert (Abb. 13A). Demnach wiesen sowohl Tiere der Negativkontrolle als auch *immunisierte*, unbehandelte und therapeutisch behandelte Tiere eine transiente Gewichtsreduktion auf (Abb. 13A). Die Mäuse, die prophylaktisch mit Everolimus behandelt wurden, wiesen einundzwanzig Tage nach der Modellinduktion eine signifikante Reduktion des Körpergewichts im Vergleich zum Anfangsgewicht auf (Abb. 13A; $p<0,05$).

Adoptiver Transfer

Nach *adoptivem Transfer* uveitogener Lymphozyten wurde bei der prophylaktischen Everolimusbehandlung eine Reduktion des Körpergewichts festgestellt, die jedoch das Signifikanzniveau nicht erreichte (Abb. 13B; $p<0,25$). Die therapeutische Everolimusgabe beeinflusste das Körpergewicht nicht (Abb. 13B). Die perorale Behandlung der Negativkontrolltiere und der *adoptiven Transfer*-Tiere mit 5 % Glukose hatten ebenfalls keinen Einfluss auf das Körpergewicht (Abb. 13B).

3. Ergebnisse

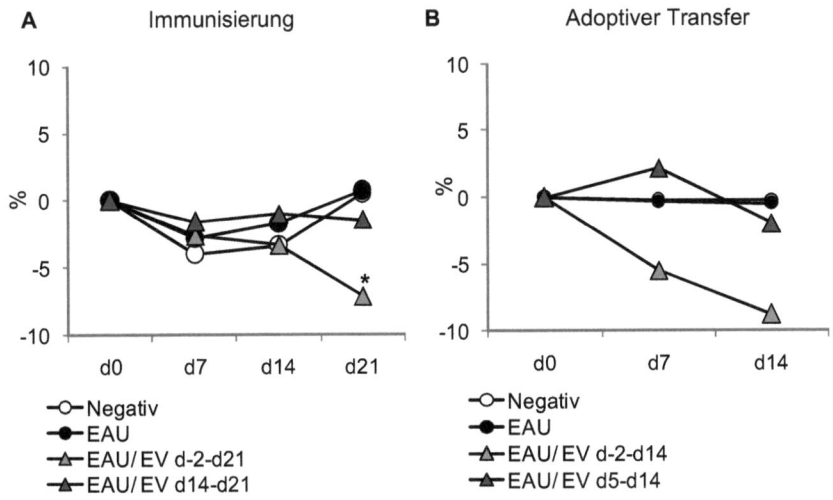

Abb.13: Der Effekt der Everolimusbehandlung und der EAU-Induktion auf das Körpergewicht Das Körpergewicht der B10.RIII Mäuse aller Behandlungsgruppen aus dem (**A**) *Immunisierungsmodell* und (**B**) dem *adoptiven Transfermodell* wurden wöchentlich ermittelt. In der Grafik sind die Mittelwerte aus drei separaten Versuchen abgebildet (*$p<0{,}05$).

3.2.3. Hautreaktion vom verzögertem Typ

Die Hautreaktion vom verzögerten Typ (DTH) gilt allgemein als Indikator für die Intensität einer zellulären antigenspezifischen Immunantwort. Um den möglichen Einfluss der Everolimusbehandlung auf die systemische Immunantwort zu untersuchen, wurde den Tieren IRBP$_{P161-180}$ s.c. in den Fußballen gespritzt und die Schwellung nach 24 h ermittelt (s.2.2.3).

Immunisierung

Die DTH wurde in allen Behandlungsgruppen am Tag 20 nach der *Immunisierung* induziert und am Tag 21 abgelesen. Im Vergleich zu den Negativkontrolltieren (0,09± 0,2 mm) konnte eine deutliche Schwellung bei den *immunisierten* Tieren (0,4±0,2 mm) gemessen werden. Weiterhin wurde eine signifikante Reduktion der DTH in der prophylaktischen (0,2±0,1 mm; $p<0{,}05$) und therapeutischen (0,1±0,2 mm; $p<0{,}05$) Everolimus-Behandlungsgruppe ermittelt (Abb. 14A).

3. Ergebnisse

Adoptiver Transfer

Am Tag 13 nach dem *adoptiven Transfer* uveitogener Lymphozyten wurde in allen Behandlungsgruppen eine DTH induziert und am Tag 14 abgelesen (Abb. 14B). Im Vergleich zu den Negativkontrolltieren (0,1±0,2 mm) entwickelten die EAU-Tiere eine stärkere DTH (0,4±0,3 mm). Die prophylaktische Everolimusbehandlung führte zu einer signifikanten Inhibition der DTH (0,1±0,1 mm; $p<0{,}05$). Hingegen nahm die therapeutische Behandlung kaum Einfluss auf die Ausbildung der zellulären Effektorantwort (0,3±0,2 mm).

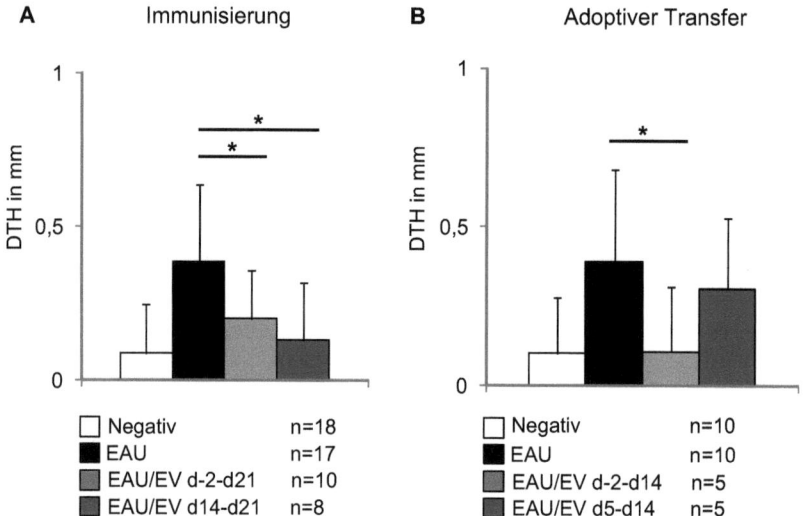

Abb. 14: Der Einfluss der Everolimusbehandlung auf die zelluläre Effektorantwort Der systemische Effekt der Everolimusbehandlung bei dem **(A)** *Immunisierungs-* und **(B)** *adoptiven Transfermodell* wurde durch die Messung der DTH ermittelt. Dargestellt sind die Mittelwerte der einzelnen Behandlungsgruppen. Es wurden die Messungen aus jeweils zwei separaten Experimenten zusammengefasst (* $p<0{,}05$).

3.2.4. Proliferation splenischer Lymphozyten

Um den Effekt von Everolimus auf die Effektor-T-Zellen zu untersuchen, wurden Lymphozyten aus der Milz isoliert und ihre Proliferation nach antigenspezifischer ($IRBP_{P161-180}$) oder antigenunspezifischer (ConA) Stimulation ermittelt. Die Basisproliferation wurde durch die Mediumkontrolle erfasst. Den Zellkulturen wurde 3[H]-Thymidin hinzugefügt, das im Zuge der Zellteilung in die DNA eingebaut wurde. Somit wiesen Ansätze, deren Zellen eine starke Proliferation aufwiesen, einen hohen Anteil an eingebautem 3[H]-Thymidin auf. Die Menge an inkorporierten 3[H]-Thymidin wurde in einem β-Zähler in cpm gemessen (s.2.2.8).

Immunisierung

Splenozyten von *immunisierten*, unbehandelten Tieren, prophylaktisch und therapeutisch behandelten Mäusen wiesen im Vergleich zu den Zellen der Negativkontrolltiere eine erhöhte Basisproliferation auf (Abb. 15A). Die $IRBP_{P161-180}$-Stimulation konnte in den Zellen der Negativkontrolltiere keine und in denen der EAU-Tiere eine antigenspezifische Proliferation induzieren (Abb. 11B). Diese war dagegen in den Zellen prophylaktisch behandelter Tiere signifikant reduziert (Abb. 15B; $p<0,01$). Die Splenozyten therapeutisch behandelter Tiere bauten weniger 3[H]-Thymidin nach einer Stimulation mit $IRBP_{P161-180}$ ein, als die der unbehandelten EAU-Gruppe (Abb. 15B). Dabei war der gemessene Unterschied nicht signifikant. Die Mitogenstimulation induzierte in allen Behandlungsgruppen eine erhöhte Proliferation (Abb. 15C). Dabei bauten die Zellen der prophylaktischen Behandlungsgruppe gegenüber der EAU-Gruppe signifikant weniger 3[H]-Thymidin ein (Abb. 15C; $p<0,01$). Hingegen wiesen die gemessenen cpm der Zellen aus der therapeutischen Behandlungsgruppe keine signifikante Reduktion auf (Abb. 11C).

Adoptiver Transfer

Die Splenozyten von Tieren, die einen *adoptiven Transfer* uveitogener Lymphozyten (EAU) erhalten haben, wiesen im Vergleich zu den Negativkontrollen (Negativ), eine höhere Basisproliferation auf (Abb. 15D). Die Supplementation von $IRBP_{P161-180}$ hatte in keiner Behandlungsgruppe einen Einfluss auf die Proliferation (Abb. 15E).

3. Ergebnisse

Der 3[H]-Thymidineinbau war in den Zellen der prophylaktischen (EAU/EV d-2-d14) und therapeutischen (EAU/EV d5-d14) Behandlungsgruppe im Vergleich zu der EAU-Gruppe mit und ohne IRBP$_{P161-180}$-Stimulation signifikant reduziert (Abb. 15A, $p<0,05$; B, $p<0,05$). Die Behandlung mit ConA führte zu einer erhöhten mitotischen Aktivität der Lymphozyten in allen Behandlungsgruppen, wurde aber durch die prophylaktische Behandlung signifikant reduziert (Abb. 15F; $p<0,01$). Die therapeutische Everolimusbehandlung hatte keinen Einfluss auf die mitogeninduzierte Proliferation (Abb. 15F).

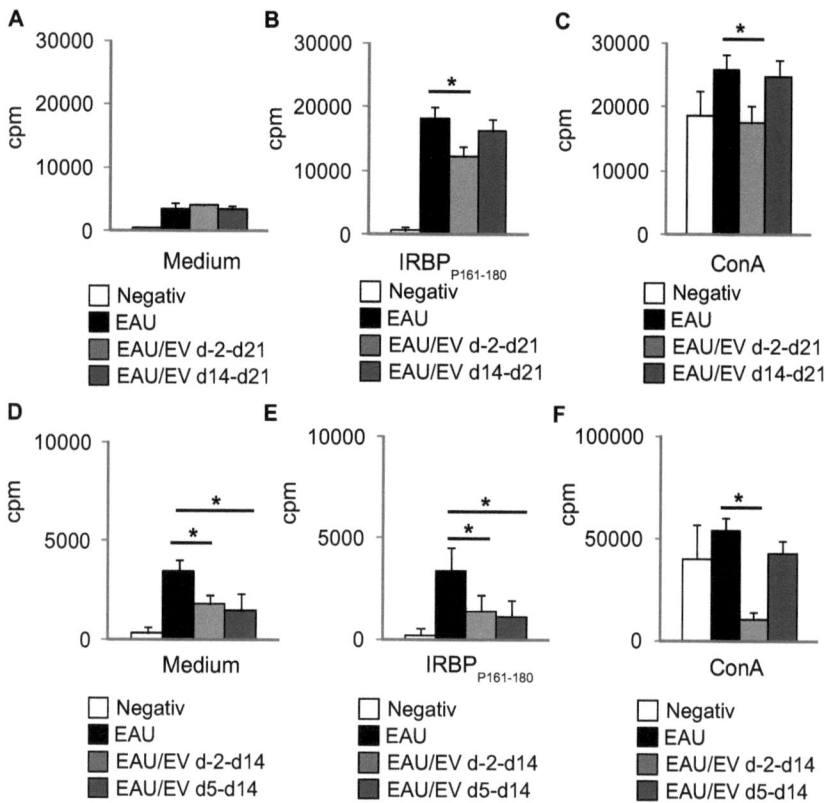

Abb. 15: 3[H]-Thymidin Proliferationstest von Splenozyten Die Proliferation von Milzzellen aller Behandlungsgruppen aus dem **(A-C)** *Immunisierungs-* und dem **(D-F)** *adoptiven Transfermodell* wurde bei der Stimulation mit Medium, IRBP$_{p161-180}$ und ConA ermittelt. **(A-C und D-F)** Es wurden die Messungen aus einem separaten Experiment dargestellt (*$p<0,05$).

3. Ergebnisse

3.2.5. Einfluss der Everolimusbehandlung auf die humorale Immunantwort

Bei einer Autoimmunantwort sind sowohl die zellulären als auch die humoralen Bestandteile der adaptiven Immunantwort involviert. In den folgenden Versuchen sollte ermittelt werden, ob IRBP$_{P161-180}$-spezifische Antikörper, im Zuge der durch *Immunisierung* oder *adoptiven Transfer* induzierten EAU, produziert wurden. Zudem sollte analysiert werden, inwiefern die prophylaktische oder therapeutische Everolimusbehandlung einen Einfluss auf die Produktion antigenspezifischer Antikörper hatte. Dazu wurde von den Mäusen am Tag 21 nach *Immunisierung* oder am Tag 14 nach *adoptivem Transfer* sowie den entsprechenden Negativkontrolltieren Serum gewonnen. Die Seren wurden in einem ELISA auf den Gehalt IRBP$_{P161-180}$-spezifischer Antikörper getestet. Die gemessene OD entsprach der Menge an Serumantikörper, die spezifisch an immobilisiertes IRBP$_{P161-180}$ gebunden waren (s. 2.2.11.2.).

Immunisierung

Die *immunisierten* Tiere (Abb. 16A) wiesen im Vergleich zu den Negativkontrolltieren (Abb. 16A) eine hohe Konzentration IRBP$_{P161-180}$-spezifischer Serumantikörper auf. Dagegen wurde bei den Seren von Mäusen, die prophylaktisch (Abb. 16A, EAU/EV d-2-d21) mit Everolimus behandelt worden waren, eine signifikante Reduktion IRBP$_{P161-180}$-spezifischer Serumantikörper erfasst ($p<0,05$). Die Tiere, die therapeutisch mit Everolimus behandelt worden waren, zeigten ebenfalls eine statistisch signifikant geringere Menge IRBP$_{P161-180}$- spezifischer Antikörper (Abb. 16A, EAU/EV d14-d21; $p<0,05$).

Adoptiver Transfer

Die Seren von Mäusen, in denen die EAU durch den *adoptiven Transfer* induziert wurde, zeigten im Vergleich zu den Negativkontrolltieren eine erhöhte Bindung von Serumantikörper an das immobilisierte IRBP$_{P161-180}$ (Abb. 16B). Die Bildung IRBP$_{P161-180}$-spezifischer Antikörper wurde ausschließlich durch die prophylaktische Everolimusbehandlung reduziert (Abb. 16B). Eine therapeutische Behandlung rief keine Veränderung hervor (Abb. 16B). Im Allgemeinen wiesen die Tiere nach *adoptivem Transfer* weniger IRBP$_{P161-180}$-spezifische Serumantikörper auf als Mäuse, die mit IRBP$_{P161-180}$ *immunisiert* wurden. Zudem waren die ermittelten Werte durch eine höhere Standardabweichung geprägt, da nicht jedes Tier IRBP$_{P161-180}$-spezifische Antikörper produziert hat.

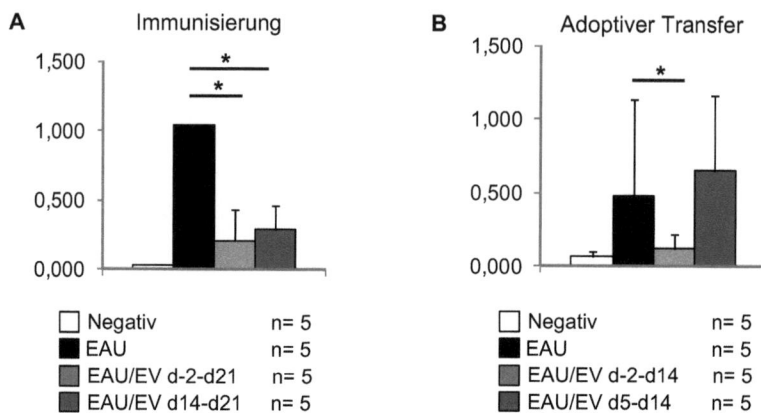

Abb. 16: IRBP$_{P161-180}$-spezifische Serumantikörper Die Seren aller Behandlungsgruppen aus dem **(A)** *Immunisierungs*-und dem **(B)** *adoptiven Transfermodell* wurden in einem ELISA auf die Präsenz RBP$_{P161-180}$-spezifischer Antikörper getestet. Es wurden die Mittelwerte von jeweils einem von zwei separaten Versuchen dargestellt (*$p<0{,}05$).

3.2.6. Zytokinprofile

3.2.6.1. Zellkulturüberstand splenischer Lymphozyten

Die folgenden Analysen sollten darüber Aufschluss geben, welche Th-Zellsubpopulationen nach der *Immunisierung* mit IRBP$_{P161-180}$ oder dem *adoptiven Transfer* uveitogener Lymphozyten an der Entwicklung der EAU beteiligt waren. Die Th1-, Th2- und Th17-Zellen zeichnen sich durch charakteristische Zytokinmuster aus. Dabei zeichnet sich eine **Th1**-Antwort durch die Sezernierung von IL-2, IL-1α, IFNγ, TNFα und GM-CSF aus. Eine **Th2** vermittelte zelluläre Immunantwort ist dagegen durch die Freisetzung von IL-4, IL-5, IL-6 und IL-10 gekennzeichnet, während sich eine **Th17**-Antwort durch die Produktion von IL-17 auszeichnet (Mosmann and Coffman 1989; Harrington, Hatton et al. 2005).

Um zwischen den drei zellulären Immunantworten zu differenzieren und eventuelle Änderungen im sezernierten Zytokinmuster durch die Everolimusbehandlung zu erfassen, wurden die Zellkulturüberstände von Milzzellen im ELISA untersucht (s. 2.2.11.1). Dazu wurden die Milzzellen aus beiden EAU-Modellen und allen Behandlungsgruppen isoliert und dann für 24 h entweder antigenspezifisch mit IRBP$_{P161-180}$, antigenunspezifisch mit dem Mitogen ConA oder mit Medium als Negativkontrolle stimuliert (s. 2.2.9).

3. Ergebnisse

Die Zellkulturüberstände wurden anschließend im ELISA auf den Gehalt von den Th1-Zytokinen IL-2 und IFNγ (Abb. 17), den Th-2 Zytokinen IL-6 und IL-10 (Abb. 18) sowie dem Th17-Zytokin IL-17 (Abb. 19) untersucht. Im Folgenden werden die Resultate von jeweils einem von zwei repräsentativen Experimenten dargestellt.

Th1-Zytokine – *in vitro*
Immunisierung
Die Analysen der Negativkontrollen ergaben eine geringe Menge an IL-2 (Abb. 17A) und IFNγ (Abb. 173C), die weder in den Ansätzen mit IRBP$_{P161-180}$ noch mit ConA erhöht war. Hingegen konnte bei den Zellen der EAU-Tiere bereits eine marginale erhöhte Produktion von IL-2 (Abb. 17A) und eine deutliche Sezernierung von IFNγ (Abb. 13C) nachgewiesen werden. Durch die Supplementation von IRBP$_{P161-180}$ wurde von den Zellen vermehrt IL-2 freigesetzt (Abb. 17A). Hingegen blieb die Menge von sezerniertem IFNγ bei der antigenspezifischen Stimulation unverändert. Die Aktivierung der Zellen mit ConA führte sowohl zu einer erhöhten IL-2- als auch IFNγ-Produktion. Die antigen- und mitogeninduzierte IL-2-Freisetzung wurde durch die prophylaktische Everolimusbehandlung nahezu vollständig inhibiert (Abb. 17A), während die therapeutische Behandlung keinen Einfluss darauf hatte (Abb. 17A). In den Zellkulturüberständen der prophylaktischen und therapeutischen Behandlungsgruppe fand sich in der Mediumkontrolle und nach antigenspezifischer Stimulation weniger IFNγ als in der unbehandelten EAU Gruppe. Diese Inhibition wurde durch die prophylaktische Behandlung auch bei der ConA Stimulation aufrecht erhalten.

Adoptiver Transfer
In den Proben der Negativkontrolle wurde nach der Stimulation mit Medium oder IRBP$_{P161-180}$ praktisch kein IL-2 oder IFNγ gemessen (Abb. 17B, D). Die Splenozyten der Tiere, deren EAU durch den *adoptiven Transfer* uveitogener Lymphozyten ausgelöst wurde, wiesen eine erhöhte Basisproduktion von IL-2 (Abb. 17B) und IFNγ (Abb. 17D) auf, die durch die Zugabe von IRBP$_{P161-180}$ nicht und im Zuge der ConA Stimulation deutlich anstieg. Die prophylaktische Everolimusbehandlung resultierte in einer deutlich reduzierten IL-2 und IFNγ-Freisetzung. Die therapeutische Behandlung hatte kaum einen Einfluss auf die Mengen der freigesetzten Zytokine (Abb. 17C, D).

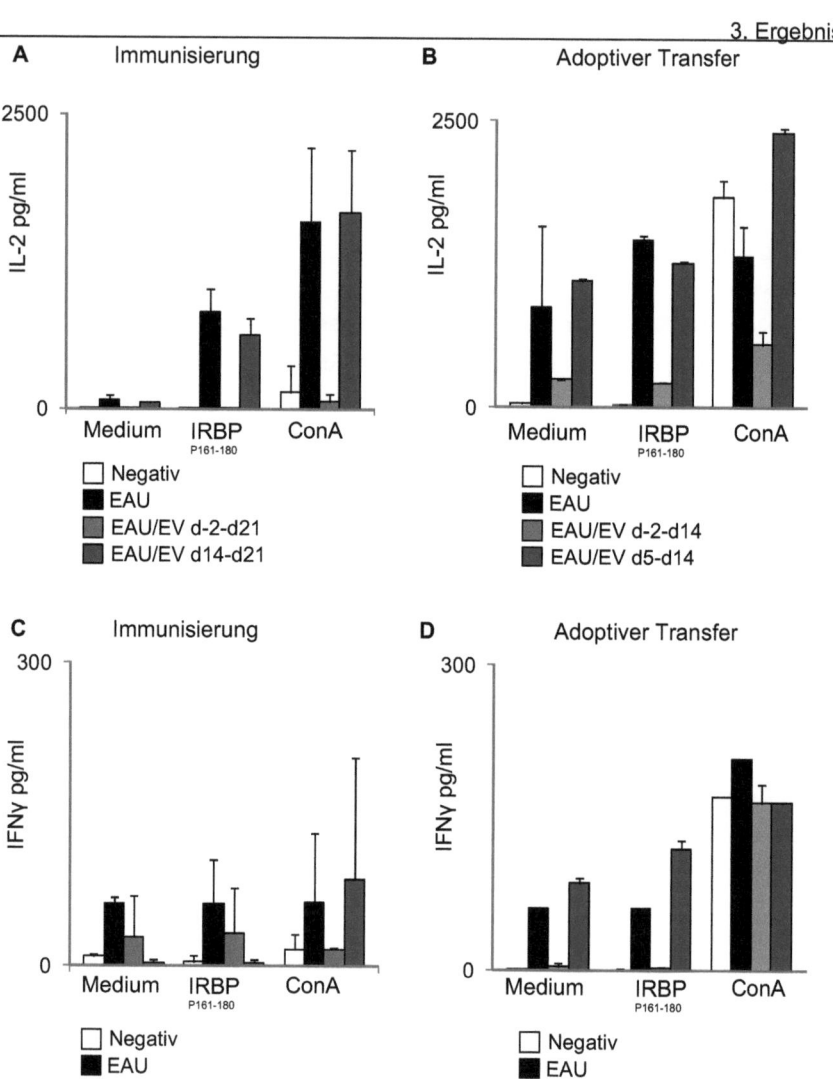

Abb.17: Th1-Zytokinmuster von Splenozyten Milzzellen aus allen Behandlungsgruppen des *Immunsierungs-* und des *adoptiven Transfermodells* wurden *in vitro* mit Medium, IRBP$_{P161-180}$ oder ConA stimuliert und in die Zellkultur sezerniertes **(A, B)** IL-2 und **(C, D)** IFNγ im ELISA quantifiziert.

3. Ergebnisse

Th2-Zytokine – *in vitro*

Immunisierung

In den Zellkulturüberständen der Negativkontrollen wurden nach der Kultivierung mit oder ohne IRBP$_{P161-180}$ kaum IL-6 oder IL-10 nachgewiesen (Abb. 18A, C). Die mitogeninduzierte Stimulation bewirkte hingegen eine erhöhte Produktion dieser Zytokine. Die Analyse der Zellkulturüberstände von Zellen aus *immunisierten* Tieren wies auf eine marginal gesteigerte Grundproduktion von IL-6 hin (Abb. 18A), die nach der Stimulation durch IRBP$_{P161-180}$ und ConA deutlich anstieg. Ausschließlich die prophylaktische Everolimusbehandlung wirkte einer höheren IL-6-Expression entgegen (Abb. 18A). Das Zytokin IL-10 war sowohl in den Zellkulturüberständen der Mediumkontrolle, als auch unter IRBP$_{P161-180}$-Stimulation nur minimal nachweisbar (Abb. 18C). Die ConA-Stimulation induzierte die IL-10-Freisetzung bei Zellen aus allen Behandlungsgruppen (Abb. 18C).

Adoptiver Transfer

Die Splenozyten aus Tieren der Gruppe mit *adoptivem Transfer* wiesen im Vergleich zu der Negativkontrolle eine erhöhte Basisproduktion von IL-6 (Abb. 18B) und IL-10 (Abb. 18D) auf. Die Zugabe von IRBP$_{P161-180}$ bewirkte keinen Anstieg der IL-6- oder IL-10-Freisetzung. Diese konnten jedoch durch den Zusatz von ConA deutlich gesteigert werden. Die Zellen aus der prophylaktischen Behandlungsgruppe produzierten deutlich weniger IL-6 und IL-10 als die Zellen der unbehandelten EAU-Gruppe. Die therapeutische Behandlung nahm keinen Einfluss auf die IL-6- oder IL-10-Freisetzung.

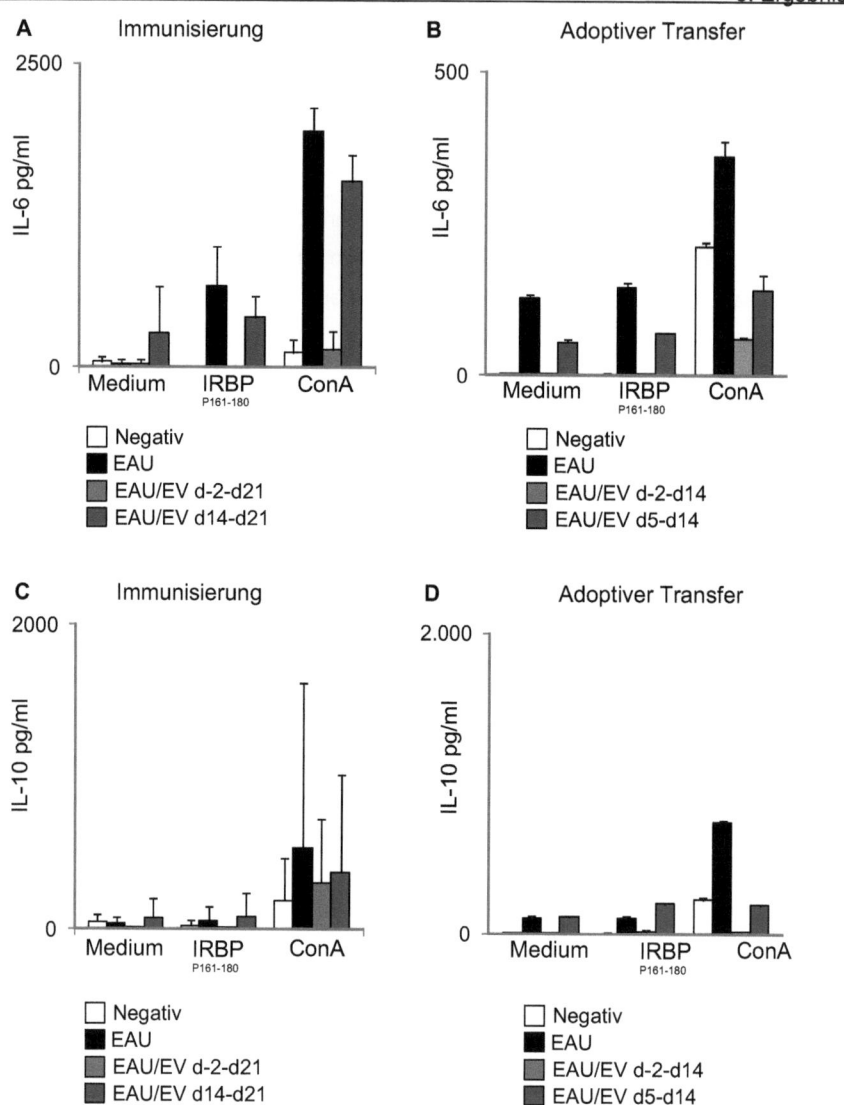

Abb. 18: Th2-Zytokinmuster von Splenozyten Milzzellen aus allen Behandlungsgruppen des *Immunisierungs-* und des *adoptiven Transfermodells* wurden *in vitro* mit Medium, IRBP$_{P161-180}$ und ConA stimuliert und die Menge von sezerniertem **(A, B)** IL-6 und **(C, D)** IL-10 im ELISA ermittelt.

Th17-Zytokin - *in vitro*

Immunisierung

Die Zellkulturüberstände von Milzzellen aus *immunisierten* Tieren wiesen eine geringe Basisproduktion von IL-17 auf (Abb. 19A). In den Zellkulturüberständen nach antigenspezifischer oder mitogenvermittelter Stimulation wurde eine erhebliche höhere Menge an IL-17 gemessen. Dies war bei den Zellen aus der prophylaktischen Behandlungsgruppe inhibiert, bei denen aus therapeutisch behandelten Tieren deutlich reduziert.

Adoptiver Transfer

Die Milzzellen EAU erkrankter Tiere wiesen eine geringe Basisproduktion von IL-17 auf (Abb. 19B). Die Stimulation mit $IRBP_{P161-180}$ oder ConA führte zu einer erhöhten IL-17-Sezernierung, die jedoch wesentlich geringer ausfiel als im *Immunisierungsmodell*. Während die prophylaktische Behandlung zur vollständigen Eliminierung der IL-17-Freisetzung führte, hatte die therapeutische Behandlung hier keinen limitierenden Effekt.

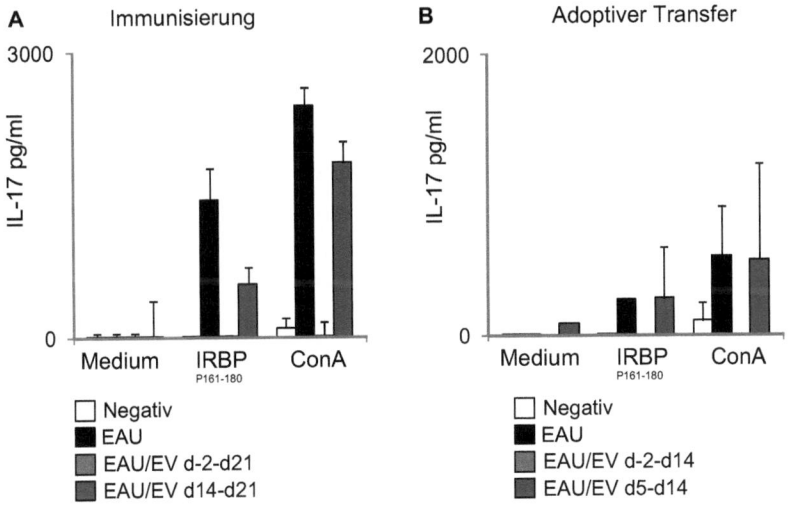

Abb.19: IL17-Produktion von Splenozyten Milzzellen aus allen Behandlungsgruppen des (A) Immunsierungs- und des (B) adoptiven Transfermodells wurden in vitro mit Medium, IRBPP161-180 und ConA stimuliert und sezerniertes IL-17 im ELISA quantifiziert.

3.2.6.2. Intraokulare Zytokinmuster

Nach den Analysen der Zytokinmuster in den Zellkulturüberständen von Milzzellen sollte überprüft werden, ob eine Varianz in dem intraokularen Zytokinprofil festgestellt werden konnte. Hierzu wurden Homogenisate aus ganzen Mausaugen hergestellt (s. 2.2.13.1.). Aufgrund des geringen Probenvolumens wurden diese im Multiplex-Bead Array auf die Expression von Th1-, Th2- und Th17-Zytokinen analysiert (s. 2.2.13.2.). Der intraokulare Gehalt von **Th1-** (IL-2, IL-1α, IFNγ, TNFα, GM-CSF), **Th2-** (IL-4, IL-5, IL-10) und **Th17-** (IL-17) Zytokinen wurde von einzelnen Augen 21 Tage nach der *Immunisierung* oder 14 Tage nach *adoptivem Transfer* mit und ohne Everolimusbehandlung untersucht.

Th1-Zytokine – *in vivo*

Immunisierung

Die Ergebnisse dieser Messungen zeigen im Vergleich zu den Negativkontrolltieren eine erhöhte IL-2-, IL-1α-, IFNγ-, TNFα- und GM-CSF-Konzentration in den Augen *immunisierter, unbehandelter* Tiere (Abb. 20A). Dabei war die Menge von TNFα sehr niedrig. Die untersuchten Zytokine waren in den Augen der prophylaktisch und therapeutisch mit Everolimus behandelten Tiere signifikant reduziert.

Adoptiver Transfer

Die Analyse der Augen von Tieren nach *adoptivem Transfer* uveitogener Zellen (Abb. 20B) ergab keine Änderung des intraokularen IL-2- oder GM-CSF-Gehalts im Vergleich zu den Negativkontrolltieren. Dagegen konnte ein Anstieg der IL-1α-, IFNγ- und TNFα-Konzentrationen in den entzündeten Augen nachgewiesen werden. Die therapeutische Behandlung der Tiere hatte keinen Einfluss auf den IL-2- und GM-CSF-Gehalt im Auge. Dagegen wurde in den Augen der therapeutisch behandelten Tiere eine Reduktion des IL-1α-, IFNγ- und TNFα-Gehalts gemessen. Die Unterschiede zwischen den Behandlungsgruppen erreichten kein signifikantes Niveau. Beim Vergleich der Beobachtungen in den beiden experimentellen Modellen konnten nach dem *adoptiven Transfer* höhere Mengen der Th1-Zytokine IL-1α, IFNγ und TNFα gemessen werden, als bei den *immunisierten* Tieren.

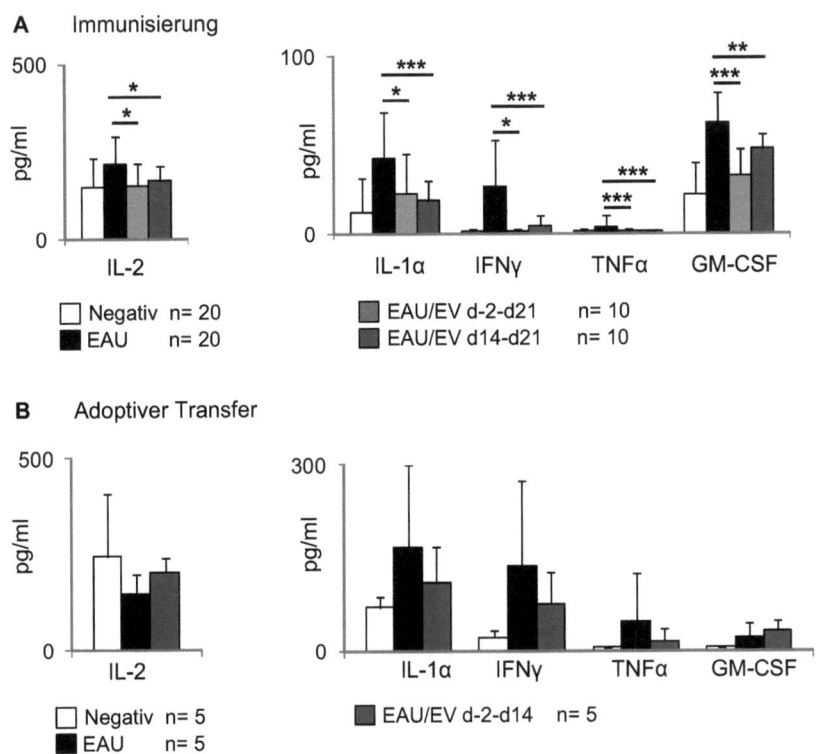

Abb. 20: Intraokulare Th1-Zytokinmuster Augenhomogenisate aus unterschiedlichen Behandlungsgruppen des **(A)** *Immunisierungs-* und des **(B)** *adoptiven Transfermodells* wurden im Multiplex-Bead Array auf den Gehalt der Th1-Zytokine IL-2, IL-1α, IFNγ, TNFα, GM-CSF analysiert. **(A)** Es wurden die Messungen aus zwei separaten Experimenten zusammengefasst (**$p<0{,}01$; ***$p<0{,}001$). **(B)** Es wurden die Messungen aus einem Experiment dargestellt.

Th2-Zytokine - *in vivo*

Immunisierung

Die Ergebnisse dieser Messungen zeigten erhöhte Konzentration von IL-4, IL-5, IL-6 und IL-10 in den Augen *immunisierter* Tiere im Vergleich zu den Negativkontrollen (Abb. 21A). Diese Zytokinmengen waren wiederum in den Augen der prophylaktisch und therapeutisch behandelten Tiere signifikant reduziert.

Adoptiver Transfer

Die Analyse der Augen von Mäusen nach einem *adoptiven Transfer* (Abb. 21B) ergab im Vergleich zu den Negativkontrollen einen erhöhten intraokularen IL-4-, IL-5-, IL-6- und IL-10-Gehalt in den entzündeten Augen. Die therapeutische Everolimusbehandlung führte zu einer geringfügigen Senkung der IL-4- und IL-5-Konzentration. Die Menge von IL-6 und IL-10 blieb dagegen unverändert. Die Unterschiede zwischen den Behandlungsgruppen waren nicht signifikant. Während der IL-4-und IL-5-Gehalt den Ergebnissen des *Immunisierungsmodells* ähnelte, wurden in den EAU-Augen weniger IL-6, aber mehr IL-10 gemessen, als bei *immunisierten* Tieren.

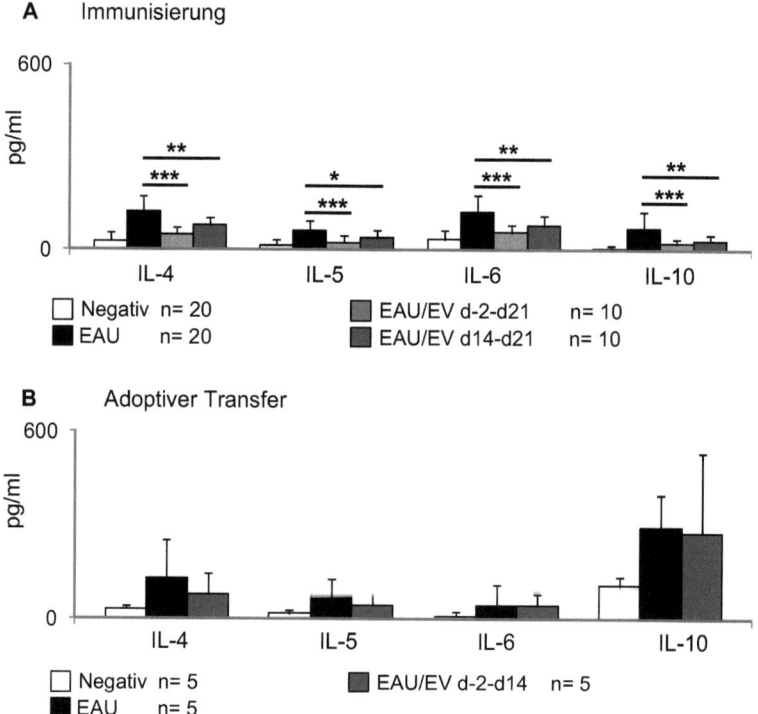

Abb. 21: Intraokulare Th2-Zytokinmuster Augenhomogenisate aus unterschiedlichen Behandlungsgruppen des **(A)** Immunsierungs- und des **(B)** *adoptiven Transfermodells* wurden im Multiplex-Bead Array auf den Gehalt der Th2-Zytokine IL-4, IL-5, IL-6 und IL-10 analysiert. **(A)** Es wurden die Messungen aus zwei separaten Experimenten zusammengefasst (**p<0,01; ***p<0,001). **(B)** Es wurden die Messungen aus einem Experiment dargestellt.

3. Ergebnisse

Th17-Zytokin - in vivo

Immunisierung

Die *immunisierten* Tiere wiesen einen erhöhten intraokularen IL-17-Gehalt (Abb. 22A) auf. In den Homogenisaten der Negativkontrollen wurde kaum IL-17 gemessen. In den Augen sowohl prophylaktisch als auch therapeutisch mit Everolimus behandelter Tiere war im Gegensatz zu den unbehandelten Tieren der IL-17-Gehalt signifikant niedriger.

Adoptiver Transfer

In den entzündeten Augen aus dem *adoptiven Transfermodell* wurde kaum IL-17 nachgewiesen (Abb. 22B). Die Negativkontrollen und die Everolimus-behandelten Tiere wiesen ebenfalls kaum intraokulares IL-17 auf.

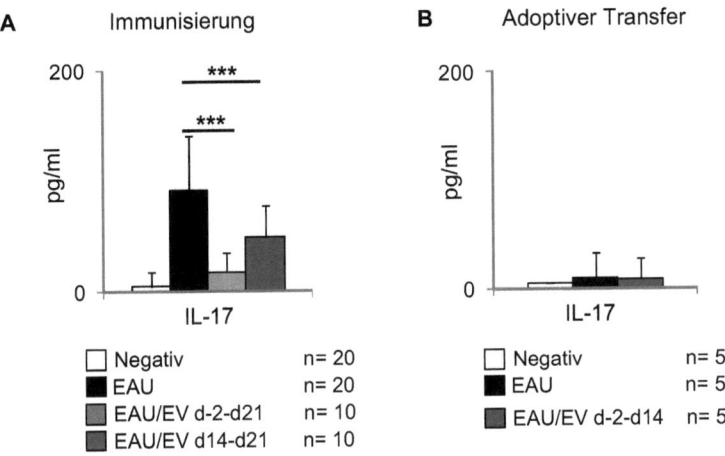

Abb. 22: Intraokularer IL-17-Gehalt Augenhomogenisate aus unterschiedlichen Behandlungsgruppen des **(A)** Immunsierungs- und des **(B)** *adoptiven Transfermodells* wurden im Multiplex-Bead Array auf den Gehalt am Th17-Zytokin IL-17 analysiert. **(A)** Es wurden die Messungen aus zwei separaten Experimenten zusammengefasst (**$p<0,01$; ***$p<0,001$). **(B)** Es wurden die Messungen aus einem Experiment dargestellt.

3.2.7. Regulatorische T-Zellen

3.2.7.1. Einfluss auf die Frequenz der CD4⁺CD25⁺FoxP3⁺ Zellen

Im Folgenden sollte die Frage geklärt werden, ob die Everolimusbehandlung einen Einfluss auf die Frequenz CD4⁺CD25⁺FoxP3⁺ regulatorischer T-Zellen hatte. Aus allen Behandlungsgruppen des *Immunisierungs-* und *adoptiven Transfermodells* wurde die Frequenz von CD4⁺CD25⁺FoxP3⁺ T-Zellen im peripheren Blut, den regionalen LN und der Milz ermittelt. Dazu wurden Zellsuspensionen generiert und im Durchflusszytometer auf ihren Anteil an CD4⁺CD25⁺FoxP3⁺ T-Zellen untersucht (Abb. 23A-B). Sowohl in dem *Immunisierungs-* (Abb. 23A) als auch im *adoptiven Transfermodell* (Abb. 23B) ließen sich keine signifikanten Veränderungen in der Frequenz der CD4⁺CD25⁺FoxP3⁺ T-Zellen im peripheren Blut oder den LN feststellen. Ausschließlich die therapeutische, aber nicht die prophylaktische Everolimusbehandlung führte in beiden EAU-Modellen zu einem signifikant erhöhten Anteil CD4⁺CD25⁺FoxP3⁺ regulatorischer T-Zellen in der Milz (Abb. 23B $p<0,05$; B $p< 0,05$). Die 3-wöchige Everolimus-Behandlung naiver Tiere führte dagegen zu keinem erhöhten Anteil CD4⁺CD25⁺FoxP3⁺ Zellen in der Milz (n=4; 1,15±0,39) im Vergleich zu unbehandelten Tieren (n=4; 1,1±0,79).

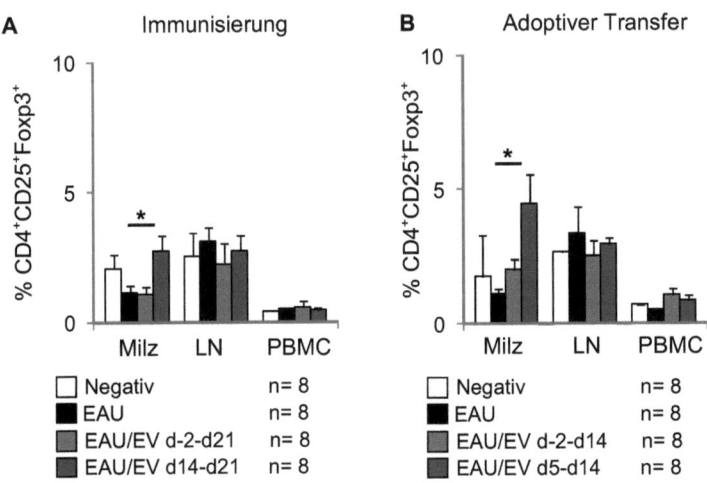

Abb. 23: Durchflusszytometrische Analyse der CD4⁺CD25⁺FoxP3⁺ Zellen (A) Im Durchflusszytometer wurden die Lymphozyten aus dem peripheren Blut, der Milz und der LN hinsichtlich des prozentualen Anteils von CD4⁺ CD25⁺ FoxP3⁺ regulatorischen T-Zellen analysiert. Diese Analyse wurde mit den Zellen aus den unterschiedlichen Behandlungsgruppen des **(B)** *Immunisierungs-* und des **(C)** *adoptiven Transfermodells* durchgeführt. Es wurden jeweils 50.000 CD4⁺ Ereignisse gemessen ($*p<0,05$).

3.2.7.2. Einfluss auf die inhibitorische Effektivität regulatorischer T-Zellen

Im Folgenden sollte geklärt werden, ob die therapeutische Everolimusbehandlung einen Einfluss auf die suppressiven Fähigkeiten der regulatorischen T-Zellen hatte. Dazu wurden CD4⁺CD25⁺ und CD4⁺CD25⁻ T-Zellen aus den Milzen *immunisierter* und unbehandelter, bzw. therapeutisch Everolimus-behandelter Mäuse mittels Zellsortierer isoliert (s. 2.2.13.3.). Die Zellen wurden in einem Suppressionsassay eingesetzt (s. 2.2.13.4.). Hierzu wurden CD4⁺CD25⁻ Effektor T-Zellen alleine oder in Kokultur mit CD4⁺CD25⁺ Zellen unbehandelter oder therapeutisch Everolimus-behandelter Tiere mit Medium oder IRBP$_{P161-180}$ stimuliert. Die CD4⁺CD25⁺ Zellen unbehandelter oder therapeutisch behandelter Tiere wurden ebenfalls separat kultiviert und mit Medium oder IRBP$_{P161-180}$ stimuliert. Der 3[H]-Thymidineinbau dieser CD4⁺CD25⁺ Kultur wurde von den gemessenen Proliferationen der Kokultur abgezogen, um die Proliferation der CD4⁺CD25⁻ Effektor-T-Zellen zu erhalten.

3. Ergebnisse

In der Einzelkultur von CD4⁺CD25⁻ Effektor-T-Zellen wurde, im Gegensatz zur Mediumkontrolle, eine $IRBP_{P161-180}$-spezifische Proliferation induziert. Die Kokultivierung dieser Zellen mit den CD4⁺CD25⁺ regulatorischen T-Zellen aus den *immunisierten* und unbehandelten Tieren hatte einen supprimierenden Effekt um 53% auf die antigenspezifische Proliferation (Abb. 24). Hingegen war der 3[H]-Thymidineinbau in Zellen einer Kokultur von CD4⁺CD25⁺ regulatorischen T-Zellen aus *immunisierten* und mit Everolimus therapierten Mäusen um 93 % reduziert (Abb. 24), erreichte jedoch kein signifikantes Niveau.

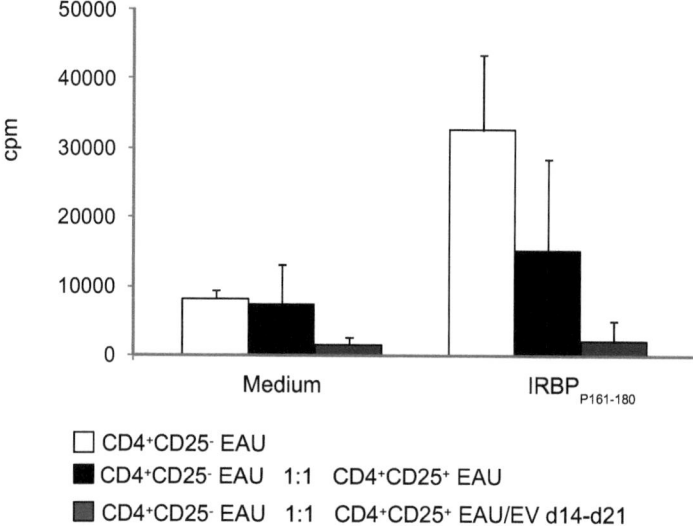

☐ CD4⁺CD25⁻ EAU
■ CD4⁺CD25⁻ EAU 1:1 CD4⁺CD25⁺ EAU
■ CD4⁺CD25⁻ EAU 1:1 CD4⁺CD25⁺ EAU/EV d14-d21

Abb. 24: Suppressive Kapazität CD4⁺CD25⁺ Zellen. CD4⁺CD25⁻ Zellen aus *immunisierten* Tieren (CD4⁺CD25⁻ EAU) wurden isoliert oder in Kokultur mit regulatorischen CD4⁺CD25⁺ Zellen aus *immunisierten*, unbehandelten (CD4⁺CD25⁺ EAU) oder therapeutisch mit Everolimus behandelten (CD4⁺CD25⁺ EAU/EV d14-d21) Mäusen in einem Suppressionsassay eingesetzt. Die Daten von zwei durchgeführten Experimenten wurden zusammengefasst.

3. Ergebnisse

3.2.7.3. Einfluss auf die Anzahl intraokularer FoxP3⁺ Zellen

Um zu klären, ob die therapeutische Everolimusbehandlung auch einen Effekt auf intraokulare FoxP3⁺ Zellen hat, wurden die Augen von 5 *immunisierten* und 5 *immunisierten* und zudem therapeutisch Everolimus-behandelten B10.RIII Mäusen immunhistochemisch auf den Transkriptionsfaktor FoxP3 untersucht (s.2.2.5.7.2). Um den Einfluss von Everolimus auf die Anzahl intraokularer FoxP3⁺ Zellen zu ermitteln, wurden Augen aus beiden Behandlungsgruppen ausgewählt, die über einen ähnlichen Schweregrad (2,6±0,8) und damit über ein ähnlich starkes zelluläres Infiltrat verfügten. Die in der IHC angefärbten FoxP3⁺ Zellen wurden ausgezählt (Abb. 25A, B) und die Mittelwerte in den beiden Gruppen gebildet (Abb. 25C). Die Auszählung der Zellen ergab eine signifikant höhere Anzahl intraokularer regulatorischer T-Zellen in den unbehandelten Tieren (6,76±6,5, $p<0,01$) als nach einer therapeutischen Everolimusbehandlung (1,4±4).

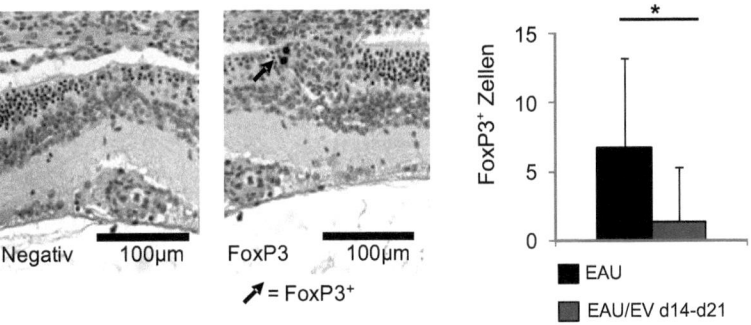

Abb. 25: Anzahl intraokularer FoxP3⁺ Zellen. Die Augen *immunisierter*, unbehandelter und therapeutisch Everolimus-behandelter Tiere wurden in einer IHC auf den Gehalt von FoxP3⁺ Zellen analysiert. Es sind **(A)** die Negativkontrolle und **(B)** FoxP3⁺ Zellen dargestellt. **(C)** Die Mittelwerte der Gruppen wurden dargestellt (*$p<0,05$).

3.3. Einfluss auf die Frequenz humaner CD4⁺CD25⁺FoxP3⁺ Zellen

Im Rahmen einer monozentrischen klinischen Phase II-Studie, bei der zwölf Patienten mit endogener, nicht-infektiöser intermediärer, posteriorer oder Panuveitis über 12 Monate mit Everolimus behandelt wurden (Heiligenhaus A 2010), wurde die Frequenz der regulatorischen T-Zellen im peripheren Blut vor, während und nach der Therapie analysiert.

3. Ergebnisse

Die separaten Werte sowie die Mittelwerte der Messungen sind in der Abb. 26 dargestellt. Alle Patienten gingen mit einer aktiven Uveitis in die Therapie ein. Vor Beginn der Behandlung waren im Mittel 1,5±0,5 % CD4⁺CD25⁺FoxP3⁺ Zellen in der Gesamtheit der CD3⁺ T-Zellen gemessen worden. Dieser Prozentsatz stieg im Mittel nach vierwöchiger Behandlung mit Everolimus auf 1,6±0,7 % an. Alle Patienten erreichten zu diesem Zeitpunkt bereits eine Reizfreiheit, sodass die Dosis der CsA-Behandlung sukzessive reduziert werden konnte (Heiligenhaus A 2010). Nachdem die Patienten sechs Monate mit Everolimus behandelt wurden, wurde eine signifikante Erhöhung der Frequenz der regulatorischen T-Zellen erfasst (3,2±1,3 %, $p<0,001$). Die Therapie wurde bis zu 12 Monate weitergeführt. Ein halbes Jahr nach dem Ende der Everolimusbehandlung wurde eine reduzierte Frequenz der regulatorischen T-Zellen im peripheren Blut ermittelt. Im Mittel betrug die Frequenz 2,3±1,3 %. Diese Differenz war jedoch nicht statistisch signifikant. Parallel dazu wurde klinisch ein Anstieg der Rezidiv-Rate beobachtet (Heiligenhaus A 2010).

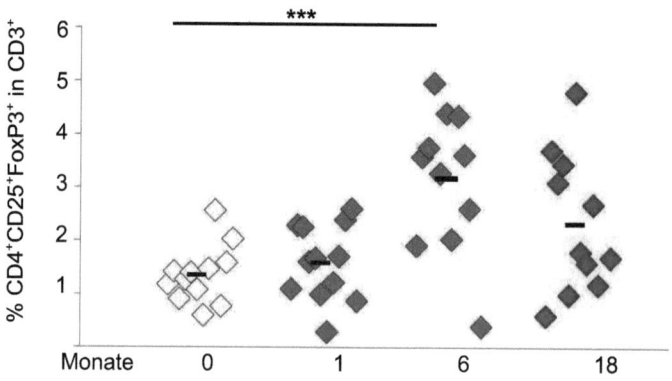

◇ vor der Everolimusbehandlung
◆ Everolimusbehandlung 2,5-5mg/d
◆ 6 Monate nach der Everolimusbehandlung
— Mittelwert

Abb. 26: Regulatorische T-Zellen im peripheren Blut von Uveitis-Patienten Es wurden 12 Patienten einer monozentrischen Phase-II Studie vor, nach 1- und 6-monatiger Everolimustherapie und 6 Monate nach Therapieende hinsichtlich ihrer Frequenz CD4⁺CD25⁺FoxP3⁺ T-Zellen in der CD3⁺ Population peripherer mononukleärer Zellen durchflusszytometrisch analysiert. Es wurden jeweils 50.000 CD3⁺CD4⁺ Ereignisse gemessen (***$p<0,001$).

4. Diskussion

4.1. Die Induktion der experimentellen autoimmunen Uveoretinitis (EAU)

Die EAU kann bei Mäusen durch die *Immunisierung* mit retinalem Autoantigen wie z.B. dem IRBP oder durch den *adoptiven Transfer* uveitogener T-Zellen aus erkrankten Tieren induziert werden (Mochizuki, Kuwabara et al. 1985; Caspi, Chan et al. 1990; Caspi, Chan et al. 1990; Chan, Caspi et al. 1990; Xu, Wawrousek et al. 2000). Um eine EAU in Mäusen zu induzieren, können bovines IRBP oder synthetische Peptide von dem humanen IRBP verwendet werden (Silver, Rizzo et al. 1995). Bei der humanen Uveitis besteht eine Assoziation zu dem MHC-II-Haplotyp HLA-B27 (Smith 2002). Ebenso ist die Empfänglichkeit für eine EAU in Mäusen eng an den MHC-II-Haplotyp gekoppelt (Caspi 1992; Caspi, Chan et al. 1992). Für die Mausstämme C57BL/6 (H-2^b), B10.R (H-2^k) und B10.RIII (H-2^r) ist eine Verknüpfung zwischen der unterschiedlichen EAU-Empfänglichkeit und dem Mausstamm-spezifischen MHC-II-Haplotyp gezeigt worden (Silver, Rizzo et al. 1995). Demnach entwickeln die B10.RIII Mäuse nach der *Immunisierung* mit IRBP oder dem *adoptiven Transfer* uveitogener IRBP$_{P161-180}$-spezifischer Lymphozyten eine stärkere Uveitis als die anderen beiden Mausstämme (Silver, Rizzo et al. 1995). Dies wird darauf zurückgeführt, dass unterschiedliche Antigen-Epitope von den MHC-II-Molekülen präsentiert werden (Silver, Rizzo et al. 1995). Da das murine EAU-Modell in zahlreichen Studien an dem B10.RIII Mausstamm charakterisiert wurde, wurde auch in der vorliegenden Arbeit mit diesem Stamm gearbeitet (Caspi, Chan et al. 1990; Hankey, Lightman et al. 2001; Xu, Forrester et al. 2003; Agarwal and Caspi 2004).

Das in dieser Arbeit verwendete Induktionsschema orientierte sich an bereits publizierten Arbeiten und umfasst sowohl die *Immunisierung* mit IRBP$_{P161-180}$ unter Verwendung von CFA und PTX als Adjuvantien als auch den *adoptiven Transfer* von IRBP$_{P161-180}$-spezifischen Splenozyten und Zellen regionaler LN (Agarwal, Chan et al. 1999; Silver, Chan et al. 1999; Agarwal and Caspi 2004; Shao, Fu et al. 2005). Dabei ist die Pathologie der posterioren Uveitis, wie es bereits in der Literatur beschrieben ist, und in den histologischen Analysen der vorliegenden Studie beobachtet wurde, in beiden Induktions-Modellen vergleichbar (Mochizuki, Kuwabara et al. 1985; McAllister, Wiggert et al. 1987; Mochizuki 1987; Rizzo, Silver et al. 1996).

4. Diskussion

Demnach werden durch die *Immunisierung* antigenspezifische CD4$^+$-T-Zellen induziert, die im okulären Gewebe eine angeborene Immunantwort auslösen (Caspi, Roberge et al. 1986; Atalla, Linker-Israeli et al. 1990; Rizzo, Silver et al. 1996). Diese Immunantwort ist durch den massiven Influx von Mφ und PMN gekennzeichnet, deren Effektorfunktionen zur Zerstörung retinalen und uvealen Gewebes führen (McAllister, Wiggert et al. 1987; Jiang, Lumsden et al. 1999; Agarwal and Caspi 2004). Zu den histopathologischen Merkmalen einer EAU zählen das zelluläre Infiltrat in der Netzhaut und dem Glaskörper, damit einhergehend die Bildung von chorioretinalen Granulomen, die Faltung und Ablösung der Netzhaut sowie der Untergang der Photorezeptoren (Caspi, Roberge et al. 1988).

Der Verlauf der EAU gestaltet sich hingegen je nach Induktionsart unterschiedlich: Da bei einer *Immunsierung* zunächst antigenspezifische T-Zellen induziert werden müssen, treten die ersten okulären Entzündungszeichen erst 9-12 Tage nach der *Immunisierung* auf. Hingegen ist eine Selektion und Expansion antigenspezifischer T-Zellen bei dem *adoptiven Transfer* bereits vorweggenommen, sodass bereits 5 Tage nach dem *adoptiven Transfer* erste intraokulare Entzündungszellen auftreten (McAllister, Wiggert et al. 1987; Jiang, Lumsden et al. 1999; Agarwal and Caspi 2004). In der Literatur ist beschrieben, dass bei der EAU-Induktion durch *Immunisierung* stets eine bilaterale Uveitis erzielt wird (de Kozak, Sakai et al. 1981; Waldrep and Donoso 1990; Avichezer, Grajewski et al. 2003). Hingegen wurde nach einem *adoptiven Transfer* bei Ratten teilweise nur eine unilaterale Uveitis beobachtet (Mochizuki, Kuwabara et al. 1985; Caspi, Roberge et al. 1986). Dies konnte in den hier durchgeführten Vorversuchen nicht bestätigt werden. Sowohl die *Immunisierung* als auch der *adoptive Transfer* uveitogener Zellen induzierte in den B10.RIII Mäusen stets eine bilaterale Uveitis mit ähnlichem Schweregrad. Insofern wurde für die weiteren Versuche der Befund beider Augen als repräsentativ angesehen. Daher wurde zur Bestimmung des EAU-Schweregrades und der Inzidenz stets nur ein Auge histopathologisch analysiert und das kontralaterale Auge für weitere Analysen (z.B. dem Multiplex-Bead-Array) gewonnen.

4. Diskussion

4.2. Der Einfluss von Adjuvantien auf die EAU-Induktion durch Immunisierung

In den 1940er Jahren haben Freund *et al.* ein Adjuvans entwickelt (Freund and McDermott 1942; Freund 1947), welches noch heute in vielen experimentellen Tiermodellen eingesetzt wird um eine antigenspezfische Immunantwort zu induzieren (Bennett, Check et al. 1992). Bei dem Freund Adjuvans handelt es sich um eine Wasser-Öl-Emulsion, die als komplettes Freund-Adjuvans bezeichnet wird (CFA), wenn es mit einem Pulver aus gefriergetrockneten *Mycobacterium tuberculosis* versetzt ist. Ohne diesen Zusatz wird es als inkomplettes Freund-Adjuvans (IFA) bezeichnet (Freund 1947). Für die erfolgreiche Induktion einer antigenspezifischen adaptiven Immunantwort ist der Einsatz von CFA notwendig: Es ist beschrieben worden, dass es bei der *Immunisierung* mit CFA über den TLR4-Rezeptor zu einer Aktivierung von APZ und einer erhöhten IL-6-Expression in APZ kommt, was sich wiederum positiv auf das T-Zellpriming auswirkt (Korn, Mitsdoerffer et al. 2008). Für die Verwendung von IFA wurde hingegen eine Toleranzinduktion beschrieben, die die Entwicklung einer antigenspezifischen Immunantwort behindert (Marusic and Tonegawa 1997; Conant and Swanborg 2004; Fujimoto, Serada et al. 2008; Fujimoto, Serada et al. 2008; Korn, Mitsdoerffer et al. 2008). Diese Toleranzinduktion beruht darauf, dass bei einer *Immunisierung* mit IFA keine IL-6-Expression in APZ induziert wird, welche jedoch für die Induktion antigenspezifischer Effektor-T-Zellen notwendig ist (Korn, Mitsdoerffer et al. 2008).

Um in B10.RIII Mäusen eine EAU auszulösen, wurde in den Arbeiten von Caspi *et al.* ebenfalls mit CFA gearbeitet, dass mit 2,5 mg/ml gefriergetrocknetem Pulver aus *Mycobacterium tuberculosis* vom Stamm H37Ra versetzt war (Agarwal and Caspi 2004). Eine *Immunisierung* mit diesem CFA kann zu einer Bildung von massiven granulomatösen Veränderungen der Haut am Injektionsort führen, die gegebenenfalls veterinärmedizinisch behandelt werden müssen (Agarwal and Caspi 2004). Um eine sekundäre Entzündung und eine zusätzliche medizinische Behandlung in dieser Studie zu vermeiden, wurde CFA verwendet, das 1 mg/ml dieser Mykobakterien enthielt. Dadurch wurden nur milde Läsionen am Injektionsort hervorgerufen, die keiner zusätzlichen Behandlung bedurften. Durch die zusätzliche Injektion von PTX konnte in den Vorversuchen zuverlässig eine EAU induziert werden.

4. Diskussion

Bei Pertussis Toxin handelt es sich um ein Exotoxin, welches von dem Bakterium *Bordettella Pertussis* produziert wird und in vielen experimentellen Modellen (z.B. EAE, EAU) zur Induktion einer autoimmunen organspezifischen Immunantwort eingesetzt wird (Lando, Teitelbaum et al. 1980). Um die Inzidenz einer EAU zu erhöhen, kann PTX als zusätzliches Adjuvans verwendet werden (McAllister, Vistica et al. 1986; Caspi, Chan et al. 1990). Pertussis Toxin ist ein TLR4-Ligand und beeinflusst die T-Zell Differenzierung unter anderem, indem es die Produktion proinflammatorischer Zytokine und die Expression ko-stimulatorischer Moleküle (z.B. CD80/ CD86) in DZ induziert (Ryan, McCarthy et al. 1998; Shive, Hofstetter et al. 2000). Außerdem übt PTX eine mitogene Wirkung auf B- und T-Zellen aus, beeinträchtigt die Rezirkulation von Lymphozyten und erhöht die vaskuläre Permeabilität (Linthicum, Munoz et al. 1982; Fish, Cowell et al. 1984; Lando and Ben-Nun 1984; Spangrude, Araneo et al. 1985; Spangrude, Sacchi et al. 1985; de Moerloose, Hamilton et al. 1986; Sewell, de Moerloose et al. 1986; Sewell and Andrews 1989; Lyons 1997). Zusätzlich führt die Behandlung mit PTX zur Reduktion splenischer regulatorischer T-Zellen, was die Induktion von Autoimmunantworten begünstigt (Cassan, Piaggio et al. 2006; Chen, Winkler-Pickett et al. 2006). Zudem fördert PTX die Ausbildung einer Th17-Immunantwort, indem es die Bildung von IL-6 induziert (Chen, Howard et al. 2007). Insbesondere für die EAE und die EAU ist beschrieben worden, das PTX eine Störung der Blut-Retina- bzw. Hirn-Schranke hervorruft, sodass Lymphozyten leichter in das Zielgewebe migrieren können (Linthicum and Frelinger 1982; Linthicum, Munoz et al. 1982). Die multifaktoriellen Effekte von PTX müssen bei der Interpretation der Daten zur Charakterisierung der zellulären und humoralen Immunantwort im *Immunisierungsmodell* berücksichtigt werden.

4.3. Die Verteilung uveitogener Zellen nach adoptivem Transfer

Um die EAU durch den *adoptiven Transfer* uveitogener Zellen zu induzieren, wurden diese zunächst aus *immunisierten* Tieren isoliert, *in vitro* antigenspezifisch stimuliert und anschließend naiven B10.RIII Mäusen injiziert. Da sich die Durchführung des *adoptiven Transfers* in dieser Arbeit an früheren Studien orientiert (Palestine, Mc Allister et al. 1986; Caspi, Chan et al. 1993; Silver, Chan et al. 1999; Agarwal and Caspi 2004; Shao, Fu et al. 2005), wurden die uveitogenen Zellen durch eine i.p. und nicht durch eine intravenöse (i.v.) Injektion appliziert wie es in aktuelleren Studien durchgeführt wird (Crane, Xu et al. 2006; Dagkalis, Wallace et al. 2009).

4. Diskussion

Die Vorteile bei einer i.v. Injektion könnten die raschere Verteilung der Zellen im Körper und die schnellere Migration in das Auge sein. In der hier durchgeführten Verteilungsstudie mit CFSE-markierten uveitogenen Zellen wurde gezeigt, dass sich die Zellen bereits 6 h nach Injektion überwiegend in der Leber und Lunge befanden. Die Beobachtung, dass sich viele Zellen in der Leber befanden, lässt darauf schließen, dass es diesen Zellen gelungen ist aus der Bauchhöhle in die periphere Zirkulation einzutreten. Aus anderen Studien ist bekannt, dass in der Leber Toleranz induziert werden kann und bereits in der Peripherie aktivierte T-Zellen in der Leber abgetötet werden (Bertolino, Klimpel et al. 2000; Sheth and Bankey 2001). Somit kann man davon ausgehen, dass die meisten Zellen, die nach *adoptiven Transfer* in der Leber nachgewiesen wurden, deaktiviert oder abgetötet wurden. Die durchflusszytometrische Analyse in dieser Arbeit ergab, dass nur wenige CFSE$^+$ Zellen in das Auge gelangten. Die Resultate der hier durchgeführten Studie entsprechen den Ergebnissen einer Verteilungsstudie uveitogener Lymphozyten in Ratten, bei der ein großer Teil der i.p. injizierten Zellen nach 24 h in der Leber nachweisbar waren und nur wenige Zellen in die Augen der Tiere gelangten, aber dennoch eine EAU ausgelöst wurde (Palestine, Mc Allister et al. 1986). Dies lässt vermuten, dass nicht eine hohe Anzahl intraokular transmigrierter Zellen für die Auslösung der EAU, sondern vielmehr die erfolgreiche Restimulation, klonale Expansion und Rekrutierung weiterer Zellen in das Auge entscheidend sind, um eine EAU auszulösen (Wacker, Donoso et al. 1977; Caspi, Roberge et al. 1986).

4.4. Die Typisierung der Effektorimmunantwort

Trotz der Gemeinsamkeit einer T-Zell-vermittelten Erkrankung nach *Immunisierung* oder *adoptivem Transfer* liegen den EAU-Modellen unterschiedliche zelluläre Immunantworten zu Grunde. Es ist bekannt, dass die okuläre Entzündung nach der *Immunisierung* mit retinalem Antigen im Wesentlichen durch Th17-Zellen (Amadi-Obi, Yu et al. 2007) und nach dem *adoptiven Transfer* durch Th1-Zellen mediiert wird (Caspi, Roberge et al. 1986; Agarwal and Caspi 2004). Die Zuordnung der Th-Subpopulation erfolgte an Hand der sezernierten Zytokine (**Th1**: IL-2, IFNγ; **Th2**: IL-6, IL-10; **Th17**: IL-17) sowohl in den Zellkulturüberständen von Milzzellen (*in vitro*), als auch in Homogenisaten aus ganzen Augen (*in vivo*).

4. Diskussion

Wenngleich das für Th1-Antworten typische TNFα in mehreren EAU-Studien als ein charakteristisch auftretendes proinflammatorisches Zytokin aufgeführt wurde, scheint es eher in der afferenten Phase der Erkrankung eine Rolle zu spielen, da eine TNFα Inhibition zu diesem Zeitpunkt am effektivsten ist (Nakamura, Yamakawa et al. 1994; Dick, McMenamin et al. 1996; Dick, Forrester et al. 2004). In der vorliegenden Studie war TNFα sowohl in vitro (Daten nicht gezeigt) als auch in vivo nur marginal zum Zeitpunkt des Versuchsendes (Tag 21 nach Immunisierung oder Tag 14 nach adoptivem Transfer) nachweisbar, sodass TNFα für die in vitro Analyse der Zellkulturüberstände nicht einbezogen wurde. Ebenso wie TNFα wurde das Th-2 Zytokin IL-4 nur geringfügig in vitro bei den unterschiedlichen Behandlungsgruppen dieser Arbeit nachgewiesen (Daten nicht gezeigt), und ist daher nicht weiter analysiert worden.

4.4.1. Die Effektorantwort nach Immunisierung

In den ersten EAU-Studien an Ratten und Mäusen ging man von einer Dominanz der Th1-vermittelten autoimmunen T-Zellantwort aus (Caspi, Grubbs et al. 1992; Saoudi, Kuhn et al. 1993; Caspi, Silver et al. 1996; Rizzo, Silver et al. 1996). Die Arbeit von Harrington et al. zeigte erstmals, dass das Th1/Th2 Dogma um eine weitere Th-Zell-Population, den Th17-Zellen erweitert werden muss, die zudem die Fähigkeit besitzt, Autoimmunität zu vermitteln (Harrington, Hatton et al. 2005; Steinman 2007; Stockinger and Veldhoen 2007). Die maßgebliche Funktion von Th17-Zellen bei der Ausbildung von Autoimmunerkrankungen wurde unter anderem für die MS, die Psoriasis, die autoimmune Uveitis und die rheumatoide Arthritis gezeigt (Chan, Blumenschein et al. 2006; Komiyama, Nakae et al. 2006; Amadi-Obi, Yu et al. 2007; Sheibanie, Khayrullina et al. 2007; Zheng, Danilenko et al. 2007). Die Th17-Zellen sind unter anderem durch die Expression des Transkriptionsfaktors RORγt und die Sezernierung des proinflammatorischen Zytokins IL-17 gekennzeichnet (Ivanov, McKenzie et al. 2006; Ivanov, Zhou et al. 2007). Das Zytokin IL-17 hat pleiotrope Effekte und erhöht z.B. die lokale Produktion von Chemokinen, was die Migration von Mφ und Neutrophilen zum Entzündungsort fördert (Spriggs 1997; Fossiez, Banchereau et al. 1998; Witowski, Pawlaczyk et al. 2000; Laan, Lotvall et al. 2001). Zudem induziert IL-17 die Produktion von IL-6 und Prostaglandin E2 (Fossiez, Djossou et al. 1996; Schwarzenberger, Huang et al. 2000; Yamamura, Gupta et al. 2001) und stimuliert die GM-CSF-Produktion, was eine Expansion von Mφ und Neutrophilen begünstigt (Cai, Gommoll et al. 1998; Laan, Cui et al. 1999).

4. Diskussion

Dabei unterstützten GM-CSF, IL-6 und Prostaglandin E2 wiederum die Induktion von Th17-Zellen *in vivo* (Bettelli, Carrier et al. 2006; Sheibanie, Khayrullina et al. 2007; Sonderegger, Iezzi et al. 2008). Das proinflammatorische Zytokin IL-6 zählt zwar zu den Th2-Zytokinen, ist aber bei der TGF-β-vermittelten Generation der Th17-Zellen entscheidend, da es die Induktion von Treg inhibiert und die Bildung von Th17-Zellen unterstützt (Bettelli, Carrier et al. 2006; Korn, Mitsdoerffer et al. 2008). Zudem beeinflusst IL-17 den Verlauf von T-Zell-vermittelten Immunantworten durch die Induktion des Adhäsionsmoleküls ICAM-1 auf Endothelzellen, was die Transmigration von T-Zellen in das Gewebe fördert (Yao, Painter et al. 1995; Teunissen, Koomen et al. 1998; Albanesi, Cavani et al. 1999).

Die Analyse der Zellkulturüberstände von Splenozyten (*in vitro*) und der Augenhomogenisate (*in vivo*) weisen auf eine Th17- und Th1-vermittelte Immunantwort in der vorliegenden Studie hin, da sowohl IL-17 als auch IFNγ im erhöhten Maße nachweisbar war. Dies entspricht den Ergebnissen der Arbeit von Amadi Obi *et al.*, wobei den Th1-Zellen im EAU-Modell jedoch eine regulative Funktion zugeordnet wird (Amadi-Obi, Yu et al. 2007). Desweiteren wurde in der vorliegenden Arbeit sowohl in der Zellkultur (*in vitro*) als auch im Auge (*in vivo*) vermehrt IL-6 detektiert, was für die Ausbildung einer Th17-vermittelten Immunantwort spricht (Chen, Howard et al. 2007; Kimura, Naka et al. 2007; Korn, Mitsdoerffer et al. 2008). Die Induktion von IFNγ- und IL-17-produzierenden Zellen in den EAU-Tieren könnte auf die *Immunisierung* mit PTX zurückgeführt werden (Higgins, Jarnicki et al. 2006; Hofstetter and Forsthuber 2010). Dabei könnte PTX, insbesondere durch die Aktivierung von APZ und die Induktion der IL-6- und IL-23-Expression die Generierung einer antigenspezifischen Th17-vermittelten Immunantwort fördern (Fedele, Stefanelli et al. 2005; Chen, Howard et al. 2007).

Für eine Th1- bzw. Th17-vermittelte Immunantwort in der vorliegenden EAU-Studie spricht zudem der erhöhte intraokulare GM-CSF-Gehalt, ein Zytokin, das die Migration von Mφ und PMN fördert und die Induktion von Th17-Zellen begünstigt (Sonderegger, Iezzi et al. 2008). Desweiteren wurde in dieser Arbeit die Sezernierung von dem Th2-Zytokin IL-10 überprüft. In den Zellkulturüberständen von Splenozyten war es nur gering nachweisbar, hingegen war die intraokulare IL-10-Konzentration zusammen mit den IL-4- und IL-5-Gehalt erhöht. Die erhöhte Beteiligung von Th2-Zytokinen im *Immunisierungsmodell* lässt auf ihre Funktion bei der Erhaltung des bekannten monophasischen Verlaufs schließen.

4. Diskussion

Dabei ist die höhere IL-4-, IL-5- und IL-10-Produktion einer effektiven Inhibition der autoimmunen Immunantwort zu zuordnen, bei der die Rekrutierung weiterer Effektorzellen sowie deren Effektorfunktion inhibiert werden (Rizzo, Xu et al. 1998; Takeuchi, Yokoi et al. 2001; Caspi 2002).

4.4.2. Die Effektorantwort nach adoptivem Transfer

Die Analyse der Zellkulturüberstände präaktivierter uveitogener Lymphozyten, die aus *immunisierten* Tieren gewonnen und im *adoptiven Transfer* eingesetzt wurden, ergab eine erhöhte Produktion von IL-17 und IFNγ. Dieser Befund lässt darauf schließen, dass sowohl Th1- als auch Th17-Zellen in der uveitogenen Zellpopulation vertreten waren. Die Analyse der Zytokinsezernierung (*in vitro / in vivo*) bei Tieren, in denen durch den *adoptiven Transfer* eine EAU ausgelöst wurde, ergab sich hingegen ein marginaler IL-17- und IL-6-Spiegel (*in vitro / in vivo*). Hingegen war die Menge an frei gesetztem IFNγ (*in vitro / in vivo*) und TNFα (*in vivo*) erheblich höher, die Menge an GM-CSF (*in vivo*) gegenüber den *immunisierten* Tieren deutlich reduziert. Dies lässt vermuten, dass der Th17-Phänotyp nach dem *adoptiven Transfer* nicht aufrecht erhalten wurde, was möglicherweise durch eine transiente Änderung des Th17-Phänotyps erklärt werden kann. So können sich Zellen mit Th17-Phänotyp unter Abhängigkeit vom lokalen Mikromilieu in IFNγ produzierende Th1-Zellen umwandeln (Kurschus, Croxford et al. 2010). Umgekehrt ist es Th1-Zellen nicht möglich in Th17-Zellen zu konvertieren (Shi, Cox et al. 2008).

Im *Immunisierungsmodell* könnte die Differenzierung des Th17-Phänotyps insbesondere durch die Wirkung des PTX gefördert werden (Higgins, Jarnicki et al. 2006; Hofstetter and Forsthuber 2010). Zudem übt das PTX eine toxische Wirkung auf splenische Treg aus, sodass eine Expansion der Th17-Zellen ungehindert ablaufen könnte (Cassan, Piaggio et al. 2006). Somit bestehen in *immunisierten* Tieren entsprechende Voraussetzungen, die eine Th17-Antwort fördern. Während der dreitägigen *in vitro* Kultivierung und nach dem *adoptiven Transfer* (*in vivo*) sind diese Rahmenbedingungen nicht mehr gegeben, sodass eine Umwandlung der Th17- hin zu Th1-Zellen denkbar ist. Damit könnten die antigenspezifischen Th1-Zellen aus der Mischkultur der *adoptiv transferierten* Zellen im neuen Organismus dominieren. Für die EAU, induziert durch den *adoptivem Transfer*, ist eine Th1-vermittelte zelluläre Immunantwort durch eine vermehrte IFNγ- und TNFα-Produktion sowohl im Ratten- als auch im murinen EAU-Modell beschrieben (Caspi, Roberge et al. 1986; Agarwal and Caspi 2004).

4. Diskussion

Die in dieser Arbeit ermittelte verminderte *in vitro / in vivo* Produktion von IL-17 und IL-6 sowie die erhöhte Sezernierung von IFNγ und TNFα nach *adoptivem Transfer*, lassen sich demnach einer Th1-vermittelten Immunantwort zuordnen. Die Analyse der intraokularen Th2-Zytokine IL-4 und IL-5 (*in vivo*) ergaben keine erheblichen Unterschiede zwischen den *immunisierten* und den *adoptiv transferierten* Tieren. Dagegen wurde ein erhöhter intraokularer IL-10-Spiegel in Tieren nach *adoptivem Transfer*, im Vergleich zum *Immunisierungsmodell*, ermittelt. Wie für das *Immunisierungsmodell* beschrieben, ist eine immunregulatorische Funktion der Th2-Zytokine zum Erhalt des monophasischen Verlaufes wahrscheinlich (Rizzo, Xu et al. 1998; Takeuchi, Yokoi et al. 2001; Caspi 2002).

4.4.3. Die Antigenspezifität der Effektor-Immunantwort

Während die Zellen *immunisierter* Tiere durch die Stimulation mit IRBP$_{P161-180}$ zur Proliferation und Ausschüttung proinflammatorischer Zytokine angeregt wurden, wurde bei den Zellen *adoptiv transferierter* Tiere eine erhöhte Basisaktivität, aber eine verminderte antigenspezifische Proliferation und Zytokinproduktion festgestellt. Auch wenn die humorale Immunantwort bei der EAU-Induktion keine tragende Rolle innehat (Mochizuki, Kuwabara et al. 1985), ist die Produktion antigenspezifischer Antikörper nach *Immunisierung* mit retinalem Antigen für das EAU-Modell in Ratten, aber auch in Mäusen gezeigt worden (Faure 1980; de Kozak, Sakai et al. 1981; Van Tuyen, Faure et al. 1982; Kezuka, Sakai et al. 1996; Kitamura, Iwabuchi et al. 2007). Hingegen wurde bei dem EAU-Modell in Ratten ein niedrigerer Spiegel antigenspezifischer Serumantikörper nach *adoptivem Transfer* festgestellt als bei der *Immunisierung*. Dies wurde auf die Antigenpräsentation der APZ zurückgeführt, die beim *adoptiven Transfer* übertragen wurden, (Caspi, Roberge et al. 1986). In Übereinstimmung mit diesen Erkenntnissen wurde in der vorliegenden Studie eine vermehrte Produktion antigenspezifischer Serumantikörper im *Immunisierungsmodell* im Vergleich zum *adoptiven Transfermodell* ermittelt. Hingegen wies die Analyse der DTH, als Merkmal der T-Zell Reaktion und der Intensität der zellulären Immunantwort, keinen Unterschied zwischen beiden EAU-Modellen auf. Dies wurde für das *adoptive Transfermodell* nicht erwartet, da in einer früheren Studie in einem EAU-Modell bei Ratten nach *adoptivem Transfer* eine vergleichsweise zur *Immunisierung* geringere DTH ermittelt wurde (Caspi, Roberge et al. 1986).

4. Diskussion

Gegebenenfalls kann die Intensität der DTH im *adoptiven Transfermodell* der vorliegenden Studie auf die erhöhte Basisaktivität der Immunzellen begründet werden, wie sie im Proliferationstest und ELISA deutlich wurde.

Insgesamt deuten die Analysen der zellulären und humoralen Immunantwort darauf hin, dass *adoptiv transferierte* uveitogene Zellen in dem Empfängertier eine EAU auslösen, aber keine dauerhafte $IRBP_{P161-180}$-spezifische Immunantwort vermitteln können. Diese Beobachtung könnte auf ein sogenanntes *Epitop-Spreading* zurückgeführt werden. Bei diesem Phänomen geht man davon aus, dass aus einem durch eine Entzündung zerstörten Gewebe neue Epitope freigesetzt werden, die den infiltrierenden T-Zellen präsentiert werden (Tuohy, Fritz et al. 1994; Vanderlugt and Miller 1996). Dabei werden neue Epitope aus dem ursprünglichen Zielprotein (intramolekular) oder andere Proteine (intermolekular) zum Ziel zellulärer Immunreaktionen. Eine Veränderung der Zielantigene während einer Uveitis wurde bereits in experimentellen Uveitis-Studien bewiesen (Deeg, Thurau et al. 2002; Diedrichs-Mohring, Hoffmann et al. 2008). Ebenso sind für die humane Uveitis mehrere Zielantigene bekannt, gegen die Patienten mit autoimmuner Uveitis sowohl eine humorale als auch zelluläre Immunantwort entwickeln können (de Smet, Bitar et al. 2001).

4.5. Die systemischen Nebenwirkungen der EAU-Induktion und der Everolimusbehandlung

In der vorliegenden Arbeit wurde bei den B10.RIII Mäusen nach *Immunisierung*, nicht aber nach dem *adoptiven Transfer*, eine transiente Gewichtsreduktion beobachtet. Dieser Gewichtsverlust könnte auf die Verwendung von PTX basieren, wie es in einer Studie von Rijpkema *et al.* bereits gezeigt wurde. Dabei wurde der Einfluss einer *Immunisierung* mit PTX auf das Körpergewicht an unterschiedlichen Mausstämmen untersucht und 3 Tage nach der *Immunisierung* mit PTX eine transiente Gewichtsreduktion bei den Tieren festgestellt (Rijpkema, Adams et al. 2005). Für den Einfluss von CFA auf das Körpergewicht sind in der Literatur keine Studien verzeichnet gewesen. Dennoch kann ein additiver Effekt der verwendeten Adjuvantien auf den Gewichtsverlust, wie es für LPS und PTX beschrieben ist (Horiuchi, Takahashi et al. 1994), nicht ausgeschlossen werden.

Neben der transienten Gewichtsreduktion durch die *Immunisierung* ist bei der prophylaktischen Behandlung mit Everolimus in beiden Induktionsmodellen eine deutliche Gewichtsreduktion von bis zu 10 % des Ausgangsgewichts festgestellt worden.

4. Diskussion

Der beobachtete Gewichtsverlust war nicht mit der peroralen Behandlung verknüpft, da Kontrolltiere, die über den gleichen Zeitraum peroral mit 5% Glukose behandelt wurden, keinen Gewichtsverlust aufwiesen. Dies lässt den Schluss zu, dass die Everolimusbehandlung zu der beobachteten Gewichtsreduktion beiträgt. Dies könnte molekularbiologisch auf die Inhibition des mitochondrialen und zytosolischen Glukose-Metabolimus zurückgeführt werden (Serkova, Jacobsen et al. 2001). Aufgrund der kurzen Halbwertszeit von Everolimus wird eine tägliche zweimalige Gabe von 2,5 mg/kg vom Hersteller (Novartis) für die Anwendung im Mausmodell empfohlen. Um die Anzahl der täglichen Behandlungen zu reduzieren, wurde die Dosis auf 5 mg/kg/d festgelegt. Diese Dosis wurde schon in anderen experimentellen Studien an Mäusen und Ratten zur Behandlung von B-Zell-Lymphomen oder einem verbesserten Transplantatüberleben eingesetzt (Schuler, Sedrani et al. 1997; Schuurman, Cottens et al. 1997; Majewski, Korecka et al. 2000). Es liegt die Vermutung nahe, dass die hier beobachtete Gewichtsreduktion auf der erhöhten Dosis von Everolimus beruht. Dazu gibt es unterschiedliche Berichte: So ergab eine Behandlung von Balb/c Mäusen über 28 d mit 5 mg/kg/d Everolimus keine Gewichtsreduktion (Majewski, Korecka et al. 2000). Hingegen führte die kontinuierliche Behandlung von Ratten im Transplantationsmodell zu einem deutlichen Gewichtsverlust (Cole, Shehata et al. 1998; Rovira, Marcelo Arellano et al. 2008). In einem Nieren-Transplantationsmodell bei Primaten wurde zudem eine Dosisabhängigkeit, bei dem auftretenden Gewichtsverlust während einer 2-3-wöchigen Everolimusbehandlung, festgestellt (Schuurman, Schuler et al. 1998).

Im Hinblick auf die Literatur liegt eine Verknüpfung zwischen dem in dieser Studie auftretenden Gewichtsverlust und der Verwendung von PTX sowie der täglichen Everolimusbehandlung vor.

4.6. Die Wirksamkeit der Everolimusbehandlung auf den Verlauf der EAU

Die intraokulare Entzündung bei der EAU wird von Th1/Th17 CD4[+] T-Zellen mediiert (Atalla, Linker-Israeli et al. 1990; Amadi-Obi, Yu et al. 2007). Diese werden selektiv durch APZ unter Ko-Stimulation z.B. mit CD80/CD86 aktiviert und zur Expansion angeregt. Die aktivierten T-Zellen zirkulieren in der Peripherie und sind auf Grund ihres Aktivitätsstatus in der Lage, die Blut-Retina-Schranke zu überwinden. Die Transmigration der Zellen in das Auge wird durch eine Interaktion zwischen den Integrinmolekülen der T-Zellen und den Adhäsionsmolekülen auf den Gefäßendothelien vermittelt.

4. Diskussion

Im Auge treffen sie auf ihr spezifisches Antigen und können eine Restimulation erfahren. In diesem Fall beginnen die Zellen mit der Freisetzung zahlreicher proinflammatorischer Zytokine und Chemokine, was die Einwanderung weiterer Leukozyten insbesondere PMN und Mφ an den Entzündungsort fördert, die dann durch die Ausübung ihrer Effektorfunktion zur Zerstörung des Gewebes beitragen (Caspi, Chan et al. 1993). Die Funktion von B-Zellen und Autoantikörper-produzierenden Plasmazellen ist im experimentellen Modell ebenfalls bei der Entzündungsentwicklung relevant, indem sie bestimmte körpereigene Epitope als körperfremd markieren und so zum Ziel der Immunabwehr machen (Caspi, Roberge et al. 1986; Atalla, Linker-Israeli et al. 1990). In B10.RIII oder C57BL/6 Mäusen verläuft die Entzündung monophasisch. Der Entzündungsprozess wird durch natürliche Toleranzmechanismen negativ reguliert, indem antigenspezifische Treg induziert werden, die eine effiziente Suppression der Effektor-Immunantwort vermitteln (Kitaichi, Namba et al. 2005; Sun, Yang et al. 2010; Sun, Yang et al. 2010).

Die Wirksamkeit von Everolimus besteht darin, dass es die wachstumsfaktorenabhängige Aktivierung von haematopoetischen als auch mesenchymalen Zellen inhibiert (Kovarik, Kahan et al. 2001; Nashan 2001). Dabei schränkt Everolimus die IL-2 und IL-15 induzierte Proliferation von T- und B-Zellen ein, indem ein Zellzyklusarrest in der G1-Phase vermittelt wird (Schuler, Sedrani et al. 1997; Schuurman, Cottens et al. 1997). Aus mehreren Studien mit Rapamycin (*in vitro / in vivo*) ist bekannt, dass eine mTor-Inhibition einen tolerogenen Phänotyp in DZ induzieren kann (Hackstein, Taner et al. 2003; Monti, Mercalli et al. 2003; Turnquist, Raimondi et al. 2007; Reichardt, Durr et al. 2008). Diese Zellen zeichnen sich durch eine geringe Expression ko-stimulatorischer- und MHC-II-Moleküle aus und sind zudem in der Lage in sekundäres lymphatisches Gewebe zu migrieren und *in vivo* die Proliferation von Effektor-T-Zellen effektiv zu inhibieren (Reichardt, Durr et al. 2008). In Zusammenhang mit diesen Studien steht die Beobachtung, dass Rapamycin eine *de novo* Generation von Treg (*in vitro / in vivo*) induziert (Haxhinasto, Mathis et al. 2008; Kang, Huddleston et al. 2008; Sauer, Bruno et al. 2008; Zeiser, Leveson-Gower et al. 2008). Für Everolimus ist *in vitro* eine reduzierte Bildung von Adhäsionsmolekülen wie E-Selektin und ICAM-1 auf Endothelzellen beschrieben, die eine verminderte Transmigration von T-Zellen unter mTor-Inhibition vermuten lässt (Haubitz and Brunkhorst 2002).

4. Diskussion

Hingegen weisen *in vivo* Studien darauf hin, dass eine uneingeschränkte Transmigration von T-Zellen unter einer mTor-Inhibition mit Everolimus besteht (Datta, David et al. 2006). Aufgrund der bekannten Wirkmechanismen war ein Effekt der Everolimusbehandlung sowohl in der Afferenz als auch Efferenz der EAU zu erwarten. Die B10.RIII Tiere wurden daher sowohl prophylaktisch als auch therapeutisch im EAU-Modell mit Everolimus behandelt und die Inzidenz bzw. der EAU-Schweregrad histologisch untersucht.

Entsprechend der inhibitorischen Wirkung von Everolimus auf das T-Zell-Priming bewirkt die Behandlung während der afferenten Phase im *Immunisierungsmodell* (d-2 bis d21) eine Reduktion der Inzidenz und des EAU-Schweregrades. Eine ähnliche Effizienz wurde in der Behandlung während der efferenten Phase (d14-d21) erzielt, die auf einer Inhibition der Effektorantwort beruht. Die Behandlung während der afferenten Phase im *adoptiven Transfermodell* (d-2 bis d14) erzielte ebenfalls eine signifikante Reduktion der Inzidenz, was auf eine ineffiziente Transmigration und Restimulation der Zellen *in vivo* zurückgeführt werden könnte. Hingegen hatte die therapeutische Everolimusbehandlung (efferente Phase) nach *adoptivem Transfer* keinen Einfluss auf die Inzidenz und den EAU-Schweregrad. Diese Ineffizienz könnte auf das schnelle Voranschreiten der Entzündung nach *adoptivem Transfer* zurückgeführt werden. Die Pathogenese verläuft in diesem Modell beschleunigt, da das T-Zell-Priming bereits *in vitro* erfolgte und voraktivierte Zellen injiziert werden, die in kürzester Zeit in das okuläre Gewebe gelangen, dort antigenspezifisch restimuliert werden und lokal eine Effektorantwort induzieren können.

4.7. Der Einfluss der Everolimusbehandlung auf die Effektorimmunantwort

In dieser Arbeit lässt sich die Immunsuppression durch Everolimus in unterschiedlichen Analysen darstellen. So wurde bei prophylaktischer Behandlung die Ausbildung einer uveitogenen Immunantwort in beiden EAU-Modellen inhibiert, sodass die Inzidenz und der EAU-Schweregrad gering waren.

Weiterhin war eine reduzierte zelluläre Immunantwort nach der DTH-Induktion, eine verminderte Bildung $IRBP_{P161-180}$-spezifischer Antikörper, eine fehlende $IRBP_{P161-180}$-spezifische und eine supprimierte mitogeninduzierte Proliferation messbar. Zudem wurde eine beeinträchtigte Th1-, Th2-, und Th-17-Zytokin-Sezernierung festgestellt. Dies wurde sowohl lokal im Auge (*in vivo*) als auch bei splenischen Lymphozyten (*in vitro*) nachgewiesen.

4. Diskussion

Die therapeutische Behandlung EAU-erkrankter Tiere mit Everolimus resultierte im *Immunisierungsmodell* ebenfalls in einer signifikanten Reduktion des EAU-Schweregrades und der zellulären Immunantwort (DTH). Der Therapiebeginn, vierzehn Tage nach der *Immunisierung* ermöglichte zunächst die Entwicklung einer antigenspezifischen Immunantwort, was sich durch eine spezifische zelluläre (Proliferation, Zytokine *in vitro*, DTH) und humorale (IRBP$_{P161-180}$-spezifische Serumantikörper) Immunantwort zeigte. Die therapeutische Everolimus Behandlung nahm Einfluss auf die Stärke der zellulären und humoralen Immunantwort, sodass die antigenspezifische Proliferation, Zytokin-Sezernierung (*in vitro / in vivo*) und DTH-Induktion sowie die Bildung von Serumantikörpern vermindert war. Die durch den *adoptiven Transfer* induzierte Immunantwort war hingegen nicht IRBP$_{P161-180}$-spezifisch aber dennoch, eventuell auf Grund von *Epitop-Spreading*, uveitogen. Aufgrund der im Vergleich zum *Immunisierungsmodell* erhöhten Basisaktivität der Immunzellen im Proliferationstest und der Zytokinfreisetzung (*in vitro*) sowie der möglichen Vielzahl neuartiger autoreaktiver T-Zellklone und des ohnehin raschen Entzündungsablaufs ist es denkbar, dass die Effektorantwort in diesem Modell nur bedingt durch die Everolimusbehandlung supprimiert werden konnte, was sich in einer reduzierten DTH und teilweise reduzierten Proliferation, Zytokinfreisetzung (*in vitro / in vivo*) zeigte. Da B-Zellen für ihre effiziente Aktivierung auf den Kontakt zu Th2-Zellen aber auch Th17-Zellen (Parker 1993; Mitsdoerffer, Lee et al. 2010) angewiesen sind, diese aber ebenfalls durch Everolimus beeinflusst werden, könnte so die verminderte Produktion IRBP$_{P161-180}$-spezifischer Antikörper erklärt werden. Ein direkter hemmender Effekt der mTor-Inhibition auf die Bildung von Auto-Antikörper ist hingegen bislang nicht beschrieben (Xie, Patel et al. 2007). Die Ergebnisse der vorliegenden Arbeit lassen vermuten, dass die Everolimusbehandlung eine immunsuppressive Wirkung sowohl auf unterschiedliche T-Zellsubpopulationen als auch auf B-Zellen und APZ nimmt, sodass eine Autoimmunantwort bei der prophylaktischen Behandlung nicht generiert wird und bei einer therapeutischen Behandlung die Effektorantwort supprimiert wird. Die Schlussfolgerung, dass Everolimus eine pan-inhibitorische Wirkung auf unterschiedliche Immunzellen ausübt, entspricht einer vorangegangenen Studie im Transplantationsmodell (Palmer, Chen et al. 2009).

4. Diskussion

4.8. Die Wirkung von Everolimus auf regulatorische T-Zellen in der EAU

Sowohl bei systemischen (z.B. Systemisch Lupus Erythematosus (SLE); MS; Rheumatoide Arthritis) als auch organspezifischen (z.B. Vogt-Koyanagi-Harada (VKH) Syndrom, Typ-1 Diabetes) Autoimmunerkrankungen ist eine verminderte Frequenz und inhibitorische Kapazität von Treg im Krankheitsverlauf beschrieben worden (Viglietta, Baecher-Allan et al. 2004; Brusko, Wasserfall et al. 2005; Lindley, Dayan et al. 2005; Behrens, Himsel et al. 2007; Bonelli, Savitskaya et al. 2008; Chen, Yang et al. 2008; Chen, Yang et al. 2008; Venken, Hellings et al. 2008; Venken, Hellings et al. 2008).

Das Treg auch für die Kontrolle der autoimmunen Uveoretinitis notwendig zu sein scheinen, zeigt sich darin, dass eine Depletion von Treg während einer EAU zu einem verzögerten Entzündungsrückgang führt (Silver, Horai et al. 2011) und das der *adoptive Transfer* von CD4⁺CD25⁺ Treg aus naiven Mäusen einen prophylaktischen Schutz vor einer EAU-Induktion bietet bzw. bei therapeutischer Anwendung den Schweregrad der EAU deutlich reduzieren kann (Keino, Takeuchi et al. 2007). In einem EAU-Modell an Ratten konnte zudem die Bedeutung einer effizienten Immunsuppression von Effektorzellen durch Treg gezeigt werden. So wiesen sich die intraokularen Treg aus einem monophasischen EAU-Modell durch eine effizientere Immunsuppression aus, als die Treg aus einem chronischen EAU-Modell (Ke, Jiang et al. 2008).

Da es sich bei der EAU im B10.RIII Modell um eine monophasische Entzündung handelt, wurde eine Beteiligung induzierter antigenspezifischer Treg vermutet. In diesem Zusammenhang konnte Sun *et al.*, parallel zur sich entwickelnden intraokularen Entzündung in B10.RIII Mäusen einen kontinuierlichen Anstieg von Treg in der Milz und den LN von Tag 7 bis Tag 14 nach der *Immunisierung* mit IRBP$_{P161-180}$ feststellen, deren Frequenz bis zum Tag 28 nach der EAU-Induktion stabil blieb (Sun, Yang et al.; Sun, Yang et al. 2010; Sun, Yang et al. 2010). Weiterhin zeigte der *adoptive Transfer* von Splenozyten aus *immunisierten* und EAU erkrankten Tieren sowohl einen protektiven als auch therapeutischen Effekt, wenn die Zellen vor einer EAU-Induktion (protektiv) oder während der bestehenden Entzündung (therapeutisch) *adoptiv transferiert* wurden (Kitaichi, Namba et al. 2005). Desweiteren wurde durch *in vivo* (*adoptiver Transfer*) und *in vitro* (Suppressions-Assay) Experimente nachgewiesen, dass es sich dabei um antigenspezifische Treg handelte (Kitaichi, Namba et al. 2005; Sun, Yang et al. 2010).

4. Diskussion

Weiterhin zeigte der *adoptive Transfer* von Splenozyten aus *immunisierten* und EAU erkrankten Tieren sowohl einen protektiven als auch therapeutischen Effekt, wenn die Zellen vor einer EAU-Induktion (protektiv) oder während der bestehenden Entzündung (therapeutisch) *adoptiv transferiert* wurden (Kitaichi, Namba et al. 2005). Desweiteren wurde durch *in vivo* (*adoptiver Transfer*) und *in vitro* (Suppressions-Assay) Experimente nachgewiesen, dass es sich dabei um antigenspezifische Treg handelte (Kitaichi, Namba et al. 2005; Sun, Yang et al. 2010). Sowohl *in vivo* als auch *in vitro* erwiesen sich die CD4$^+$CD25$^+$ Treg aus EAU-erkrankten Tieren (d14) im Vergleich zu Zellen aus naiven Tieren gegenüber der antigenspezifischen Effektorantwort als stärker immunsuppressiv (Sun, Yang et al. 2010). Neben der reduzierten antigenspezifischen Proliferation von Effektor-T-Zellen wurde eine reduzierte IFNγ-Freisetzung und eine unveränderte IL-17-Sezernierung *in vitro* festgestellt (Sun, Yang et al. 2010). Eine fehlender Einfluss von CD4$^+$CD25$^+$ Treg auf Th17-Zellen ist in mehreren Arbeiten beschrieben worden (O'Connor, Malpass et al. 2007; Nistala, Moncrieffe et al. 2008; Yang, Nurieva et al. 2008; Chauhan, El Annan et al. 2009). Der zu Grunde liegende Mechanismus ist bisher ungeklärt, könnte aber mit der Plastizität der Treg in Zusammenhang stehen: Einige Studien weisen darauf hin, dass Treg sowohl in der Lage sind Th17-Zellen zu induzieren als auch den eigenen Phänotyp zu einem Th17-Phänotyp zu konvertieren (Lohr, Knoechel et al. 2006; Xu, Lee et al. 2007). In der vorliegenden Arbeit nahm die EAU-Induktion durch den *adoptiven Transfer* keinen Einfluss auf die Frequenz CD4$^+$CD25$^+$FoxP3$^+$ Zellen in der Milz, den LN oder dem peripheren Blut der Tiere. Bei den *immunisierten* Tieren wurde hingegen eine Reduktion der CD4$^+$CD25$^+$Foxp3$^+$ Zellen in der Milz, im Vergleich zu den Negativkontrolltieren, festgestellt. Dies könnte auf die Behandlung mit PTX zurückgeführt werden (Cassan, Piaggio et al. 2006; Chen, Winkler-Pickett et al. 2006). Die therapeutische Everolimusbehandlung der Tiere führte hingegen in beiden Induktionsmodellen zu einem Anstieg der Frequenz von CD4$^+$CD25$^+$Foxp3$^+$ T-Zellen in der Milz im Vergleich zu den EAU-erkrankten und unbehandelten Tieren. Die hier beobachtete Induktion von Treg durch die Everolimus-Therapie entspricht den Resultaten zahlreicher früherer *in vitro* Arbeiten mit dem mTor-Inhibitor Rapamycin: Rapamycin ist in der Lage sowohl *in vitro* als auch *in vivo* in CD4$^+$CD25$^-$ T-Zellen einen regulatorischen Phänotyp zu induzieren, indem es die FoxP3 Expression in diesen Zellen induziert (Battaglia, Stabilini et al. 2005; Strauss, Whiteside et al. 2007; Basu, Golovina et al. 2008; Gao, Chen et al. 2008).

4. Diskussion

Die Resultate der vorliegenden Studie lassen vermuten, dass die Induktion der Treg in beiden EAU-Modellen überwiegend in der Milz erfolgte und nicht im Auge und außerdem auf die therapeutische Behandlungsgruppe begrenzt war. Für die induzierten Treg konnte, im Vergleich zu den Zellen unbehandelter EAU-erkrankter Tiere, im *Immunisierungsmodell* eine erhöhte antigenspezifische suppressive Kapazität im Suppressionsassay nachgewiesen werden.

Diese Resultate stimmen mit denen anderer Arbeiten überein, dass die EAU durch Induktion von Treg in der Milz abgeschwächt wird und verheilt (Kitaichi, Namba et al. 2005). Zudem wurde in der Arbeit von Kitaichi *et al.* gezeigt, dass die Induktion der splenischen Treg von der intraokularen Entzündung abhängig ist (Kitaichi, Namba et al. 2005). So kam es, nach operativer Entfernung beider Augen, nach der *Immunisierung* mit retinalem Antigen nicht zu einer Generierung antigenspezifischer regulatorischer Splenozyten. Die Splenozyten dieser Tiere übertrugen im *adoptiven Transfermodell* keinen Schutz vor einer EAU-Induktion. Dieser Prozess könnte auf den ACAID Mechanismus (s. 1.4.) beruhen (Kitaichi, Namba et al. 2005).

Demnach erzielte die in dieser Studie durchgeführte Behandlung naiver B10.RIII Mäuse und die prophylaktische Everolimusbehandlung in beiden EAU-Modellen möglicherweise keine *de novo* Generation von Treg, da sich keine intraokulare Entzündung ausgeprägt hatte. Die verminderte intraokulare Entzündung spiegelte sich, anhand einer reduzierten Inzidenz, dem reduzierten EAU-Schweregrad und der marginalen zellulären, humoralen und systemischen Effektorantwort, in der vorliegenden Studie wieder. Bei den Tieren ohne Everolimusbehandlung, bei denen eine EAU durch den *adoptiven Transfer* uveitogener Zellen induziert wurde, wurde ein Rückgang der $IRBP_{P161-180}$-Spezifität in der zellulären und humoralen Immunantwort festgestellt, sodass die $CD4^+CD25^+$ Treg und $CD4^+CD25^-$ Teff dieser Tiere nicht im Suppressionsassay getestet wurden. Dennoch könnte in Anlehnung an die Studie von Kitaichi *et al.* in *adoptiven Transferexperimenten* die inhibitorische Fähigkeit dieser Splenozyten untersucht werden (Kitaichi, Namba et al. 2005). Ebenfalls wäre der Einfluss einer Splenektomie auf die therapeutische Wirksamkeit von Everolimus und auf eine eventuelle Verlagerung der Induktion regulatorischer T-Zellen in den regionalen LN, das intraokulare Gewebe oder der Leber bzw. Lunge von Interesse, wie es bereits in einem Tumormodell beschrieben wurde (Higashijima, Shimada et al. 2009).

4. Diskussion

Die immunhistochemische Analyse von den Augen der Tiere, die *immunisiert* und therapeutisch mit Everolimus behandelt wurden, zeigte am Tag 21 nach der *Immunisierung* keine erhöhte Anzahl intraokularer FoxP3$^+$ Zellen im Vergleich zu den nicht behandelten Tieren, mit ähnlichem EAU-Schweregrad. Dies könnte mit der reduzierten intraokularen Effektorimmunantwort, wie es die Analyse der Augenhomogenisate zeigte, und dem supprimierenden Effekt von Everolimus auf die Bildung von Adhäsionsmolekülen wie z.B. E-Selektin auf Endothelzellen und einer damit verknüpften reduzierten Transmigration von Treg in das entzündliche Gewebe beruhen (Haubitz and Brunkhorst 2002; Siegmund, Feuerer et al. 2005). Im Gegensatz zu den therapeutisch behandelten Tieren besteht in den unbehandelten EAU-erkrankten Mäusen eine bestehende Entzündung und eine uneingeschränkte Transmigration von Zellen in das Gewebe: Beobachtungen aus dem EAE-Modell haben gezeigt, dass sich Treg im zentralen Nervensystem ansammeln, jedoch nicht in der Lage sind, die Effektorzellen zu supprimieren (Korn, Reddy et al. 2007). Weiterhin hat die Arbeit von Silver *et al.* gezeigt, dass die intraokularen Treg im EAU-Modell durchaus über ein antigenspezifisches supprimierendes Potential verfügen, dies aber bei einer erhöhten Antigendosis hingegen wirkungslos ist, und dass eine Treg-Depletion die Abheilung der Entzündung verzögert (Silver, Horai et al. 2011).

Die in der vorliegenden Arbeit durchgeführte Analyse der CD4$^+$CD25$^+$ Zellen im Suppressionsassay zeigte eine erhöhte antigenspezifische suppressive Kapazität der Treg aus therapeutisch behandelten Tieren im Vergleich zu unbehandelten Tieren. Es ist daher zu vermuten, dass die intraokularen Treg aus den therapeutisch behandelten Tieren ebenfalls eine höhere immunsuppressive Kapazität haben als die unbehandelter Tiere. Somit könnte eine geringere Anzahl intraokularer Treg dennoch über eine stärkere inhibitorische Kapazität verfügen, als die unbehandelter Tiere.

4.9. Der Effekt von Everolimus auf humane regulatorische T-Zellen

Im Rahmen einer monozentrischen Phase II-Studie, in der Patienten mit einer endogenen intermediären, posterioren und Panuveitis eingeschlossen wurden, wurde durch die therapeutische Behandlung mit Everolimus bereits nach drei Monaten eine Reizfreiheit erzielt (Heiligenhaus A 2010). Die Besserung ging mit einem Anstieg der Frequenz von CD4$^+$CD25$^+$FoxP3$^+$ Treg in der CD3$^+$-T-Zell-Population von PBMC einher. Nach dem Absetzen der Medikation traten häufiger Rezidive auf (Heiligenhaus A 2010).

4. Diskussion

Parallel dazu wurde eine Reduktion der Treg-Frequenz im peripheren Blut ermittelt. Die gesteigerte Frequenz von Treg im peripheren Blut nach der Everolimus-Therapie wurde bisher nicht für Uveitis-Patienten beschrieben, findet aber Übereinstimmung mit früheren *in vitro* und *in vivo* Studien bei Patienten nach Nierentransplantation (Game, Hernandez-Fuentes et al. 2005; San Segundo, Fernandez-Fresnedo et al. 2010). Da es sich bei der Behandlung in unserer Studie zunächst um eine Kombinationstherapie aus CsA und Everolimus handelte, wobei die CsA Dosis nach drei Monaten bei erzielter Reizfreiheit reduziert wurde, kann der darauffolgende signifikante Anstieg von Treg nicht ausschließlich der Everolimusbehandlung zugesprochen werden. Da CsA die T-Zell Homöostase, einschließlich der Induktion von Treg hemmt (Coenen, Koenen et al. 2006; Wang, Zhao et al. 2006) und die Anzahl von humanen Treg im peripheren Blut senkt (San Segundo, Ruiz et al. 2006; Segundo, Ruiz et al. 2006), könnte alleine das Absetzen der CsA-Behandlung zu einem Anstieg der Treg geführt haben. Dass der Anstieg der Treg jedoch von der Everolimusbehandlung maßgeblich beeinflusst wurde, wird durch den Rückgang der Frequenz der Treg nach dem Absetzen der Everolimustherapie verdeutlicht.

4.10. Die unterschiedliche Wirkung von Everolimus auf murine und humane regulatorische T-Zellen

Die therapeutische Everolimusbehandlung bei Mäusen mit EAU in der vorliegenden Arbeit führte zu einer reduzierten intraokularen Entzündung, wie auch die Behandlung von Patienten mit autoimmuner Uveitis (Heiligenhaus A 2010). Hingegen war der Effekt auf die CD4$^+$CD25$^+$Foxp3$^+$ Treg-Population bei Mäusen und Patienten unterschiedlich: So blieb die Frequenz von den Treg im peripheren Blut EAU-erkrankter Mäusen durch die therapeutische Everolimus-Behandlung unverändert.

Die unveränderte Frequenz von Treg im peripheren Blut von Everolimus-behandelten Mäusen entspricht den Resultaten einer früheren Studie an Mäusen in einem Transplantationsmodell (Palmer, Chen et al. 2009).

Dagegen führte die Behandlung von Patienten mit autoimmuner Uveitis zu einem deutlichen Anstieg der Frequenz der Treg im peripheren Blut. Der erhöhte Anteil von Treg im peripheren Blut in Folge einer Everolimusbehandlung ist für Transplantations-Patienten bereits bekannt (San Segundo, Fernandez-Fresnedo et al. 2010).

4. Diskussion

Der hier beobachtete Unterschied könnte auf die Kombinationstherapie von Everolimus mit CsA beim Patienten, die Monotherapie bei den Mäusen und die unterschiedliche Behandlungsdauer zurückgeführt werden: So war ein signifikanter Anstieg der Treg im peripheren Blut der behandelten Patienten erst nach 6 Monaten, unter graduierter Reduktion der CsA-Dosis nachweisbar. Vermutlich liegt dieser Beobachtung die hemmende Wirkung von CsA auf die Induktion und Homöostase von Treg zugrunde (Coenen, Koenen et al. 2006; Wang, Zhao et al. 2006) Die therapeutische Behandlung der EAU-erkrankten Mäuse umfasste hingegen in beiden EAU-Modellen einen kürzeren Zeitraum von sieben bis neun Tagen und führte zu keinem Anstieg der Treg im peripheren Blut. In diesem Zeitraum erhöhte sich jedoch die Frequenz der Treg in der Milz der Tiere signifikant.

Ob der erhöhten Frequenz der Treg im peripheren Blut von mTor-Inhibitor-behandelten Patienten eine Induktion von Treg in der Milz zuvorkommt, ist nicht bekannt. Eine Langzeitstudie im murinen EAU-Modell könnte Aufschluss darüber geben, ob sich bei längerer Behandlung auch ein Anstieg der Frequenz von Treg im peripheren Blut bei Mäusen auswirkt. Dazu müsste die Menge an verabreichtem Everolimus jedoch zunächst adjustiert werden, um eine Gewichtsabnahme der Tiere während der Langzeitbehandlung zu verhindern und weiterhin einen therapeutischen Effekt zu gewährleisten.

4. Diskussion

4.11. Ausblick

In den durchgeführten Versuchen wurde die inhibitorische Wirksamkeit von Everolimus auf die Induktion und den Verlauf der Immunantwort während der EAU untersucht. Zudem wurde der Wirkmechanismus erläutert, der neben der Inhibierung der Effektor-Zellantwort die Unterstützung natürlicher peripherer Toleranzmechanismen, im speziellen der Induktion regulatorischer T-Zellen, umfasst.

Der zu Grunde liegende Mechanismus soll nun in Folgeexperimenten genauer charakterisiert werden, wobei der Effekt auf die intraokularen regulatorischen T-Zellen im Vordergrund steht.

Neben *adoptiven Transfer*-Experimenten von Milzzellen therapeutisch behandelter Tiere oder einer Langzeitbehandlung, könnte die Analyse tolerogener dendritischer Zellen oder regulatorischer Tr1 und Th3 Zellen für weiteren Aufschluss über den Wirkmechanismus der mTor-Inhibition im EAU-Modell sorgen.

Die Analyse der inhibitorischen Kapazität regulatorischer T-Zellen aus dem peripheren Blut Everolimus-behandelter Patienten mit autoimmuner Uveitis würde einen Vergleich zu den in den tierexperimentellen Arbeiten gewonnen Erkenntnissen erlauben.

Neben diesen an der Grundlagenforschung orientierten Aufgaben ist eine vergleichende experimentelle Arbeit zur Mono- und Kombinationstherapie der EAU im B10.RIII-Modell mit Everolimus und CsA erstrebenswert, um die klinische Anwendung von Everolimus zu erweitern.

5. Zusammenfassung

Die Therapie von Patienten mit endogener, nicht-infektiöser, autoimmuner Uveitis besteht gegenwärtig aus der Behandlung mit Kortikosteroiden und dem Immunsuppressivum Cyclosporin A (CsA). Insbesondere die systemische Behandlung mit CsA kann schwerwiegende Nebenwirkungen mit sich bringen. Zudem kann eine CsA-Therapie bei einigen Patienten die intraokulare Entzündung nicht effektiv supprimieren. Daher ist eine Suche nach alternativen Wirkstoffen mit geringeren Nebenwirkungen erstrebenswert.

In der vorliegenden Arbeit wurde die Wirkung von Everolimus, einem mTor-Inhibitor, auf den Verlauf der experimentellen autoimmunen Uveoretinitis (EAU) in B10.RIII Mäusen untersucht. Die EAU wurde durch die *Immunisierung* mit retinalem Antigen oder den *adoptiven Transfer* antigenspezifischer Splenozyten induziert. Sowohl die prophylaktische Everolimusbehandlung in beiden EAU-Modellen, als auch die therapeutische Behandlung im *Immunisierungsmodell*, führte zu einer Reduktion der Inzidenz und des EAU-Schweregrades sowie der zellulären- und humoralen Effektorantwort. Eine therapeutische Behandlung nach *adoptivem Transfer* erwies sich dagegen als weniger wirksam. Die Analyse der $CD4^+CD25^+FoxP3^+$ regulatorischen T-Zellen in den unterschiedlichen Behandlungsgruppen ergab, dass die Behandlung naiver Mäuse und die prophylaktische Behandlung in beiden EAU-Modellen keinen Einfluss auf die Frequenz der regulatorischen T-Zellen im peripheren Blut, den regionalen Lymphknoten oder der Milz hatte. Ausschließlich die therapeutische Behandlung führte in beiden EAU-Modellen zu einer erhöhten Frequenz der regulatorischen T-Zellen in der Milz. Für die splenischen $CD4^+CD25^+$ regulatorischen T-Zellen aus *immunisierten* und therapeutisch behandelten Tieren wurde zudem eine höhere antigenspezifische inhibitorische Kapazität auf $CD4^+CD25^-$ Effektor-T-Zellen nachgewiesen, als für die $CD4^+CD25^+$ regulatorischen T-Zellen *immunisierter*, unbehandelter Tiere.

Im Rahmen einer monozentrischen Phase-II Studie wurden Patienten mit nicht-infektiöser autoimmunen Uveitis zusätzlich zu CsA mit Everolimus behandelt. Nach drei Monaten wurde bei den Patienten eine Reizfreiheit erzielt. Die durchflusszytometrische Analyse ergab eine erhöhte Frequenz von $CD4^+CD25^+FoxP3^+$ regulatorischen T-Zellen im peripheren Blut dieser Patienten während nach Absetzen der Everolimustherapie eine deutliche Reduktion dieser Zellpopulation zu verzeichnen war.

5. Zusammenfassung

Zudem wurde bei einigen Patienten nach dem Absetzen der Everolimustherapie eine erneute intraokulare Entzündung beobachtet. Diese Beobachtungen lassen auf einen ähnlichen Wirkmechanismus der Everolimus-Behandlung bei Patienten mit autoimmuner Uveitis und der therapeutischen Wirksamkeit im murinen EAU-Modell schließen.

Zusammenfassend lässt sich sagen, dass Everolimus sich durch eine effektive Inhibition der autoimmunen Effektorantwort bei gleichzeitiger Induktion regulatorischer T-Zellen, als ein Medikament auszeichnet, dessen Anwendung eine Alternative für die bisherige Therapie von Patienten mit nicht-infektiöser autoimmuner Uveitis darstellt.

6. Summary

Patients with endogenous, non-infectious uveitis are currently treated with corticosteroids and cyclosporin A (CsA). The therapy with CsA may not be clinically effective and may entail untoward side effects. Therefore, other immunosuppressive drugs that may be used alternatively are warranted.

In the present study prophylactic and therapeutic efficiency of the mTor-inhibitor everolimus on the course of experimental autoimmune uveoretinitis (EAU) in B10.RIII mice was analyzed. EAU was induced by *immunization* with retinal antigen or *adoptive transfer* of antigen-specific splenocytes. Prophylactic treatment in both EAU-models and therapeutic treatment of *immunized* mice with everolimus reduced the incidence and severity of the posterior uveitis as well as the cellular and humoral effector response. Therapeutic everolimus treatment was less efficient after *adoptive transfer* compared to treatment of *immunized* mice.

Analysis of $CD4^+CD25^+FoxP3^+$ regulatory T-cells (Treg) showed that everolimus treatment of naïve mice and prophylactic treatment in both EAU-models had no influence on the frequency of Treg in peripheral blood, draining lymph nodes or spleen. Solely, the therapeutic treatment of *immunized* or *adoptive transferred* mice leads to an increased frequency of splenic Treg. Furthermore, enhanced antigenspecific immunosuppressive capacity of $CD4^+CD25^+$ on $CD4^+CD25^-$ splenic T-cells of *immunized* and therapeutic everolimus treated mice was shown compared to untreated mice.

In the context of a monocenter phase-II study, patients with active non–infectious uveitis not responding to cyclosporine A were additionally treated with everolimus. The frequency of Treg in peripheral blood samples of these patients was analyzed. At 3 months, inactivity of uveitis was obtained with everolimus in all patients but uveitis recurrence was noted after treatment withdrawel. In line with the clinical observation, an increase of peripheral blood $CD4^+CD25^+FoxP3^+$ cells was measured during the everolimus therapy and a decreased frequency after treatment withdrawel. Everolimus is an effective immunosuppressive agent distinguished by an effective suppression of the autoimmune effector immune response and the concurrently induction of regulatory T-cells. Therefore, everolimus displays an alternative treatment option for patients with non-infectious autoimmune uveitis.

7. Literaturverzeichnis

Abi-Hanna, D. and D. Wakefield (1988). "Expression of HLA antigens on the human uvea." Br J Rheumatol **27 Suppl 2**: 68-71.

Abi-Hanna, D., D. Wakefield, et al. (1988). "HLA antigens in ocular tissues. I. In vivo expression in human eyes." Transplantation **45**(3): 610-3.

Agarwal, R. K. and R. R. Caspi (2004). "Rodent models of experimental autoimmune uveitis." Methods Mol Med **102**: 395-419.

Agarwal, R. K., C. C. Chan, et al. (1999). "Pregnancy ameliorates induction and expression of experimental autoimmune uveitis." J Immunol **162**(5): 2648-54.

Akira, S. (2003). "Mammalian Toll-like receptors." Curr Opin Immunol **15**(1): 5-11.

Albanesi, C., A. Cavani, et al. (1999). "IL-17 is produced by nickel-specific T lymphocytes and regulates ICAM-1 expression and chemokine production in human keratinocytes: synergistic or antagonist effects with IFN-gamma and TNF-alpha." J Immunol **162**(1): 494-502.

Allison, A. C. (2000). "Immunosuppressive drugs: the first 50 years and a glance forward." Immunopharmacology **47**(2-3): 63-83.

Amadi-Obi, A., C. R. Yu, et al. (2007). "T(H)17 cells contribute to uveitis and scleritis and are expanded by IL-2 and inhibited by IL-27/STAT1." Nat Med **13**(6): 711-8.

Amadi-Obi, A., C. R. Yu, et al. (2007). "TH17 cells contribute to uveitis and scleritis and are expanded by IL-2 and inhibited by IL-27/STAT1." Nat Med **13**(6): 711-8.

Anand, R. J., J. W. Kohler, et al. (2007). "Toll-like receptor 4 plays a role in macrophage phagocytosis during peritoneal sepsis." J Pediatr Surg **42**(6): 927-32; discussion 933.

Annunziato, F., L. Cosmi, et al. (2002). "Phenotype, localization, and mechanism of suppression of CD4(+)CD25(+) human thymocytes." J Exp Med **196**(3): 379-87.

Archambeau, P. L., R. W. Hollenhorst, et al. (1965). "Posterior Uveitis as a Manifestation of Multiple Sclerosis." Mayo Clin Proc **40**: 544-51.

Atalla, L., M. Linker-Israeli, et al. (1990). "Inhibition of autoimmune uveitis by anti-CD4 antibody." Invest Ophthalmol Vis Sci **31**(7): 1264-70.

Augustine, J. J. and D. E. Hricik (2004). "Experience with everolimus." Transplant Proc **36**(2 Suppl): 500S-503S.

Avichezer, D., R. S. Grajewski, et al. (2003). "An immunologically privileged retinal antigen elicits tolerance: major role for central selection mechanisms." J Exp Med **198**(11): 1665-76.

Baecher-Allan, C., J. A. Brown, et al. (2001). "CD4+CD25high regulatory cells in human peripheral blood." J Immunol **167**(3): 1245-53.

Baecher-Allan, C., J. A. Brown, et al. (2003). "CD4+CD25+ regulatory cells from human peripheral blood express very high levels of CD25 ex vivo." Novartis Found Symp **252**: 67-88; discussion 88-91, 106-14.

7. Literaturverzeichnis

Banchereau, J. and R. M. Steinman (1998). "Dendritic cells and the control of immunity." Nature 392(6673): 245-52.

Bancroft, G. J. (1993). "The role of natural killer cells in innate resistance to infection." Curr Opin Immunol 5(4): 503-10.

Bassing, C. H., W. Swat, et al. (2002). "The mechanism and regulation of chromosomal V(D)J recombination." Cell 109 Suppl: S45-55.

Basten, A. and R. Brink (2006). "Tolerance and autoimmunity: B cells." fourth edn. Edited by Rose NR, Mackay IR.Academic Press: 167-177.

Basten, A. and P. A. Silveira (2010). "B-cell tolerance: mechanisms and implications." Curr Opin Immunol 22(5): 566-74.

Basu, S., T. Golovina, et al. (2008). "Cutting edge: Foxp3-mediated induction of pim 2 allows human T regulatory cells to preferentially expand in rapamycin." J Immunol 180(9): 5794-8.

Battaglia, M., A. Stabilini, et al. (2005). "Rapamycin selectively expands CD4+CD25+FoxP3+ regulatory T cells." Blood 105(12): 4743-8.

Behrens, F., A. Himsel, et al. (2007). "Imbalance in distribution of functional autologous regulatory T cells in rheumatoid arthritis." Ann Rheum Dis 66(9): 1151-6.

Bendelac, A., M. Bonneville, et al. (2001). "Autoreactivity by design: innate B and T lymphocytes." Nat Rev Immunol 1(3): 177-86.

BenEzra, D., E. Cohen, et al. (1988). "Treatment of endogenous uveitis with cyclosporine A." Transplant Proc 20(3 Suppl 4): 122-7.

Bennett, B., I. J. Check, et al. (1992). "A comparison of commercially available adjuvants for use in research." J Immunol Methods 153(1-2): 31-40.

Bennett, C. L., J. Christie, et al. (2001). "The immune dysregulation, polyendocrinopathy, enteropathy, X-linked syndrome (IPEX) is caused by mutations of FOXP3." Nat Genet 27(1): 20-1.

Bertolino, P., G. Klimpel, et al. (2000). "Hepatic inflammation and immunity: a summary of a conference on the function of the immune system within the liver." Hepatology 31(6): 1374-8.

Bettelli, E., Y. Carrier, et al. (2006). "Reciprocal developmental pathways for the generation of pathogenic effector TH17 and regulatory T cells." Nature 441(7090): 235-8.

Bettelli, E., M. Dastrange, et al. (2005). "Foxp3 interacts with nuclear factor of activated T cells and NF-kappa B to repress cytokine gene expression and effector functions of T helper cells." Proc Natl Acad Sci U S A 102(14): 5138-43.

Bhattacherjee, P., R. N. Williams, et al. (1983). "An evaluation of ocular inflammation following the injection of bacterial endotoxin into the rat foot pad." Invest Ophthalmol Vis Sci 24(2): 196-202.

Bloch-Michel, E. and R. B. Nussenblatt (1987). "International Uveitis Study Group recommendations for the evaluation of intraocular inflammatory disease." Am J Ophthalmol 103(2): 234-5.

7. Literaturverzeichnis

Bonelli, M., A. Savitskaya, et al. (2008). "Quantitative and qualitative deficiencies of regulatory T cells in patients with systemic lupus erythematosus (SLE)." Int Immunol **20**(7): 861-8.

Bora, N. S., C. L. Gobleman, et al. (1993). "Differential expression of the complement regulatory proteins in the human eye." Invest Ophthalmol Vis Sci **34**(13): 3579-84.

Bouneaud, C., P. Kourilsky, et al. (2000). "Impact of negative selection on the T cell repertoire reactive to a self-peptide: a large fraction of T cell clones escapes clonal deletion." Immunity **13**(6): 829-40.

Brunkow, M. E., E. W. Jeffery, et al. (2001). "Disruption of a new forkhead/winged-helix protein, scurfin, results in the fatal lymphoproliferative disorder of the scurfy mouse." Nat Genet **27**(1): 68-73.

Brusko, T. M., C. H. Wasserfall, et al. (2005). "Functional defects and the influence of age on the frequency of CD4+ CD25+ T-cells in type 1 diabetes." Diabetes **54**(5): 1407-14.

Cai, X. Y., C. P. Gommoll, Jr., et al. (1998). "Regulation of granulocyte colony-stimulating factor gene expression by interleukin-17." Immunol Lett **62**(1): 51-8.

Caspi, R. R. (1992). "Immunogenetic aspects of clinical and experimental uveitis." Reg Immunol **4**(5): 321-30.

Caspi, R. R. (2002). "Th1 and Th2 responses in pathogenesis and regulation of experimental autoimmune uveoretinitis." Int Rev Immunol **21**(2-3): 197-208.

Caspi, R. R., C. C. Chan, et al. (1993). "Recruitment of antigen-nonspecific cells plays a pivotal role in the pathogenesis of a T cell-mediated organ-specific autoimmune disease, experimental autoimmune uveoretinitis." J Neuroimmunol **47**(2): 177-88.

Caspi, R. R., C. C. Chan, et al. (1992). "Genetic factors in susceptibility and resistance to experimental autoimmune uveoretinitis." Curr Eye Res **11 Suppl**: 81-6.

Caspi, R. R., C. C. Chan, et al. (1990). "Experimental autoimmune uveoretinitis in mice. Induction by a single eliciting event and dependence on quantitative parameters of immunization." J Autoimmun **3**(3): 237-46.

Caspi, R. R., C. C. Chan, et al. (1990). "The mouse as a model of experimental autoimmune uveoretinitis (EAU)." Curr Eye Res **9 Suppl**: 169-74.

Caspi, R. R., B. G. Grubbs, et al. (1992). "Genetic control of susceptibility to experimental autoimmune uveoretinitis in the mouse model. Concomitant regulation by MHC and non-MHC genes." J Immunol **148**(8): 2384-9.

Caspi, R. R., F. G. Roberge, et al. (1988). "A new model of autoimmune disease. Experimental autoimmune uveoretinitis induced in mice with two different retinal antigens." J Immunol **140**(5): 1490-5.

Caspi, R. R., F. G. Roberge, et al. (1986). "T cell lines mediating experimental autoimmune uveoretinitis (EAU) in the rat." J Immunol **136**(3): 928-33.

Caspi, R. R., P. B. Silver, et al. (1996). "Genetic susceptibility to experimental autoimmune uveoretinitis in the rat is associated with an elevated Th1 response." J Immunol **157**(6): 2668-75.

Cassan, C., E. Piaggio, et al. (2006). "Pertussis toxin reduces the number of splenic Foxp3+ regulatory T cells." J Immunol **177**(3): 1552-60.

Chan, C. C., R. R. Caspi, et al. (1990). "Pathology of experimental autoimmune uveoretinitis in mice." J Autoimmun **3**(3): 247-55.

Chan, J. R., W. Blumenschein, et al. (2006). "IL-23 stimulates epidermal hyperplasia via TNF and IL-20R2-dependent mechanisms with implications for psoriasis pathogenesis." J Exp Med **203**(12): 2577-87.

Chauhan, S. K., J. El Annan, et al. (2009). "Autoimmunity in dry eye is due to resistance of Th17 to Treg suppression." J Immunol **182**(3): 1247-52.

Chen, J. (2004). "Novel regulatory mechanisms of mTOR signaling." Curr Top Microbiol Immunol **279**: 245-57.

Chen, L., P. Yang, et al. (2008). "Decreased frequency and diminished function of CD4+CD25high regulatory T cells are associated with active uveitis in patients with Vogt-Koyanagi-Harada syndrome." Invest Ophthalmol Vis Sci.

Chen, L., P. Yang, et al. (2008). "Diminished frequency and function of CD4+CD25high regulatory T cells associated with active uveitis in Vogt-Koyanagi-Harada syndrome." Invest Ophthalmol Vis Sci **49**(8): 3475-82.

Chen, W., M. E. Frank, et al. (2001). "TGF-beta released by apoptotic T cells contributes to an immunosuppressive milieu." Immunity **14**(6): 715-25.

Chen, W., W. Jin, et al. (2003). "Conversion of peripheral CD4+CD25- naive T cells to CD4+CD25+ regulatory T cells by TGF-beta induction of transcription factor Foxp3." J Exp Med **198**(12): 1875-86.

Chen, X., O. M. Howard, et al. (2007). "Pertussis toxin by inducing IL-6 promotes the generation of IL-17-producing CD4 cells." J Immunol **178**(10): 6123-9.

Chen, X., R. T. Winkler-Pickett, et al. (2006). "Pertussis toxin as an adjuvant suppresses the number and function of CD4+CD25+ T regulatory cells." Eur J Immunol **36**(3): 671-80.

Chen, Y., V. K. Kuchroo, et al. (1994). "Regulatory T cell clones induced by oral tolerance: suppression of autoimmune encephalomyelitis." Science **265**(5176): 1237-40.

Chen, Y. B., Y. A. Sun, et al. (2008). "Effects of rapamycin in liver transplantation." Hepatobiliary Pancreat Dis Int **7**(1): 25-8.

Claassen, E., N. Kors, et al. (1986). "Marginal zone of the spleen and the development and localization of specific antibody-forming cells against thymus-dependent and thymus-independent type-2 antigens." Immunology **57**(3): 399-403.

Coenen, J. J., H. J. Koenen, et al. (2006). "Rapamycin, and not cyclosporin A, preserves the highly suppressive CD27+ subset of human CD4+CD25+ regulatory T cells." Blood **107**(3): 1018-23.

Cole, O. J., M. Shehata, et al. (1998). "Effect of SDZ RAD on transplant arteriosclerosis in the rat aortic model." Transplant Proc **30**(5): 2200-3.

Conant, S. B. and R. H. Swanborg (2004). "Autoreactive T cells persist in rats protected against experimental autoimmune encephalomyelitis and can be activated through stimulation of innate immunity." J Immunol 172(9): 5322-8.

Corinti, S., C. Albanesi, et al. (2001). "Regulatory activity of autocrine IL-10 on dendritic cell functions." J Immunol 166(7): 4312-8.

Corrigan, A., R. O'Kennedy, et al. (1979). "Lymphocyte membrane alterations caused by nylon wool column separation." J Immunol Methods 31(1-2): 177-82.

Cortes, L. M., M. J. Mattapallil, et al. (2008). "Repertoire analysis and new pathogenic epitopes of IRBP in C57BL/6 (H-2b) and B10.RIII (H-2r) mice." Invest Ophthalmol Vis Sci 49(5): 1946-56.

Cottrez, F. and H. Groux (2004). "Specialization in tolerance: innate CD(4+)CD(25+) versus acquired TR1 and TH3 regulatory T cells." Transplantation 77(1 Suppl): S12-5.

Crane, I. J., H. Xu, et al. (2006). "Involvement of CCR5 in the passage of Th1-type cells across the blood-retina barrier in experimental autoimmune uveitis." J Leukoc Biol 79(3): 435-43.

Crowe, A., A. Bruelisauer, et al. (1999). "Absorption and intestinal metabolism of SDZ-RAD and rapamycin in rats." Drug Metab Dispos 27(5): 627-32.

Cyster, J. G. and C. C. Goodnow (1995). "Antigen-induced exclusion from follicles and anergy are separate and complementary processes that influence peripheral B cell fate." Immunity 3(6): 691-701.

Cyster, J. G., S. B. Hartley, et al. (1994). "Competition for follicular niches excludes self-reactive cells from the recirculating B-cell repertoire." Nature 371(6496): 389-95.

Dagkalis, A., C. Wallace, et al. (2009). "Development of experimental autoimmune uveitis: efficient recruitment of monocytes is independent of CCR2." Invest Ophthalmol Vis Sci 50(9): 4288-94.

Dai, H., N. Wan, et al. (2010). "Cutting edge: Programmed Death-1 defines CD8+ CD122+ T cells as regulatory versus memory T cells." J Immunol 185(2): 803-7.

Darrell, R. W., H. P. Wagener, et al. (1962). "Epidemiology of uveitis. Incidence and prevalence in a small urban community." Arch Ophthalmol 68: 502-14.

Dassinger, M., H. Dootz, et al. (2009). Rote Liste Arzneimittelverzeichnis für Deutschland (einschließlich EU-Zulassung und bestimmter Medizinprodukte).

Datta, A., R. David, et al. (2006). "Differential effects of immunosuppressive drugs on T-cell motility." Am J Transplant 6(12): 2871-83.

de Kozak, Y., J. Sakai, et al. (1981). "S antigen-induced experimental autoimmune uveo-retinitis in rats." Curr Eye Res 1(6): 327-37.

de Moerloose, P. A., J. A. Hamilton, et al. (1986). "Pertussigen in vivo enhances antigen-specific production in vitro of lymphokine that stimulates macrophage procoagulant activity and plasminogen activator." J Immunol 137(11): 3528-33.

de Smet, M. D., G. Bitar, et al. (2001). "Human S-antigen determinant recognition in uveitis." Invest Ophthalmol Vis Sci 42(13): 3233-8.

7. Literaturverzeichnis

de Vos, A. F., V. N. Klaren, et al. (1994). "Expression of multiple cytokines and IL-1RA in the uvea and retina during endotoxin-induced uveitis in the rat." Invest Ophthalmol Vis Sci **35**(11): 3873-83.

Deeg, C. A., S. R. Thurau, et al. (2002). "Uveitis in horses induced by interphotoreceptor retinoid-binding protein is similar to the spontaneous disease." Eur J Immunol **32**(9): 2598-606.

Deierhoi, M. H., M. Kalayoglu, et al. (1988). "Cyclosporine neurotoxicity in liver transplant recipients: report of three cases." Transplant Proc **20**(1): 116-8.

Demengeot, J., E. M. Oltz, et al. (1995). "Promotion of V(D)J recombinational accessibility by the intronic E kappa element: role of the kappa B motif." Int Immunol **7**(12): 1995-2003.

Deschenes, J., P. I. Murray, et al. (2008). "International Uveitis Study Group (IUSG): clinical classification of uveitis." Ocul Immunol Inflamm **16**(1): 1-2.

DeVoss, J., Y. Hou, et al. (2006). "Spontaneous autoimmunity prevented by thymic expression of a single self-antigen." J Exp Med **203**(12): 2727-35.

Dick, A. D., J. V. Forrester, et al. (2004). "The role of tumour necrosis factor (TNF-alpha) in experimental autoimmune uveoretinitis (EAU)." Prog Retin Eye Res **23**(6): 617-37.

Dick, A. D., P. G. McMenamin, et al. (1996). "Inhibition of tumor necrosis factor activity minimizes target organ damage in experimental autoimmune uveoretinitis despite quantitatively normal activated T cell traffic to the retina." Eur J Immunol **26**(5): 1018-25.

Dieckmann, D., C. H. Bruett, et al. (2002). "Human CD4(+)CD25(+) regulatory, contact-dependent T cells induce interleukin 10-producing, contact-independent type 1-like regulatory T cells [corrected]." J Exp Med **196**(2): 247-53.

Dieckmann, D., H. Plottner, et al. (2005). "Activated CD4+ CD25+ T cells suppress antigen-specific CD4+ and CD8+ T cells but induce a suppressive phenotype only in CD4+ T cells." Immunology **115**(3): 305-14.

Diedrichs-Mohring, M., C. Hoffmann, et al. (2008). "Antigen-dependent monophasic or recurrent autoimmune uveitis in rats." Int Immunol.

Doyle, S. E., R. M. O'Connell, et al. (2004). "Toll-like receptors induce a phagocytic gene program through p38." J Exp Med **199**(1): 81-90.

Ebringer, A. and T. Rashid (2007). "B27 disease is a new autoimmune disease that affects millions of people." Ann N Y Acad Sci **1110**: 112-20.

Eichhorn, M., M. Horneber, et al. (1993). "Anterior chamber-associated immune deviation elicited via primate eyes." Invest Ophthalmol Vis Sci **34**(10): 2926-30.

Faure, J. P. (1980). "Autoimmunity and the retina." Curr Top Eye Res **2**: 215-302.

Fedele, G., P. Stefanelli, et al. (2005). "Bordetella pertussis-infected human monocyte-derived dendritic cells undergo maturation and induce Th1 polarization and interleukin-23 expression." Infect Immun **73**(3): 1590-7.

Fish, F., J. L. Cowell, et al. (1984). "Proliferative response of immune mouse T-lymphocytes to the lymphocytosis-promoting factor of Bordetella pertussis." Infect Immun **44**(1): 1-6.

7. Literaturverzeichnis

Fontenot, J. D., M. A. Gavin, et al. (2003). "Foxp3 programs the development and function of CD4+CD25+ regulatory T cells." Nat Immunol **4**(4): 330-6.

Fontenot, J. D., J. P. Rasmussen, et al. (2005). "Regulatory T cell lineage specification by the forkhead transcription factor foxp3." Immunity **22**(3): 329-41.

Forrester, J. V., J. Liversidge, et al. (1990). "Comparison of clinical and experimental uveitis." Curr Eye Res **9 Suppl**: 75-84.

Forrester, J. V., P. G. McMenamin, et al. (1994). "Localization and characterization of major histocompatibility complex class II-positive cells in the posterior segment of the eye: implications for induction of autoimmune uveoretinitis." Invest Ophthalmol Vis Sci **35**(1): 64-77.

Forrester, J. V., B. V. Worgul, et al. (1980). "Endotoxin-induced uveitis in the rat." Albrecht Von Graefes Arch Klin Exp Ophthalmol **213**(4): 221-33.

Fossiez, F., J. Banchereau, et al. (1998). "Interleukin-17." Int Rev Immunol **16**(5-6): 541-51.

Fossiez, F., O. Djossou, et al. (1996). "T cell interleukin-17 induces stromal cells to produce proinflammatory and hematopoietic cytokines." J Exp Med **183**(6): 2593-603.

Freund, J. (1947). "Some Aspects of Active Immunization." Ann. Rev. Microbiol. **1**: 291-308.

Freund, J. and K. McDermott (1942). "Sensitization to Horse Serum by Means of Adjuvants." Proceedings of the Society for Experimental Biology and Medicine **49**(4): 548-553.

Fujimoto, M., S. Serada, et al. (2008). "Interleukin-6 blockade suppresses autoimmune arthritis in mice by the inhibition of inflammatory Th17 responses." Arthritis Rheum **58**(12): 3710-3719.

Fujimoto, M., S. Serada, et al. (2008). "[Role of IL-6 in the development and pathogenesis of CIA and EAE]." Nihon Rinsho Meneki Gakkai Kaishi **31**(2): 78-84.

Fulcher, D. A., A. B. Lyons, et al. (1996). "The fate of self-reactive B cells depends primarily on the degree of antigen receptor engagement and availability of T cell help." J Exp Med **183**(5): 2313-28.

Game, D. S., M. P. Hernandez-Fuentes, et al. (2005). "Everolimus and basiliximab permit suppression by human CD4+CD25+ cells in vitro." Am J Transplant **5**(3): 454-64.

Gao, J., J. F. Chen, et al. (2008). "[Effect of rapamycin in inducing naive murine effector T cell convert to regulatory T cell]." Zhongguo Yi Xue Ke Xue Yuan Xue Bao **30**(4): 393-9.

Gay, D., T. Saunders, et al. (1993). "Receptor editing: an approach by autoreactive B cells to escape tolerance." J Exp Med **177**(4): 999-1008.

Granger, D. K., J. W. Cromwell, et al. (1995). "Prolongation of renal allograft survival in a large animal model by oral rapamycin monotherapy." Transplantation **59**(2): 183-6.

Granucci, F., C. Vizzardelli, et al. (2001). "Inducible IL-2 production by dendritic cells revealed by global gene expression analysis." Nat Immunol **2**(9): 882-8.

Gregerson, D. S., N. D. Heuss, et al. (2007). "Interaction of retinal pigmented epithelial cells and CD4 T cells leads to T-cell anergy." Invest Ophthalmol Vis Sci **48**(10): 4654-63.

7. Literaturverzeichnis

Gregory, M. S., A. C. Repp, et al. (2002). "Membrane Fas ligand activates innate immunity and terminates ocular immune privilege." J Immunol 169(5): 2727-35.

Griffith, T. S., T. Brunner, et al. (1995). "Fas ligand-induced apoptosis as a mechanism of immune privilege." Science 270(5239): 1189-92.

Groth, C. G., L. Backman, et al. (1999). "Sirolimus (rapamycin)-based therapy in human renal transplantation: similar efficacy and different toxicity compared with cyclosporine. Sirolimus European Renal Transplant Study Group." Transplantation 67(7): 1036-42.

Groux, H., A. O'Garra, et al. (1997). "A CD4+ T-cell subset inhibits antigen-specific T-cell responses and prevents colitis." Nature 389(6652): 737-42.

Hackstein, H., T. Taner, et al. (2003). "Rapamycin inhibits IL-4--induced dendritic cell maturation in vitro and dendritic cell mobilization and function in vivo." Blood 101(11): 4457-63.

Halloran, P. F. (2004). "Immunosuppressive drugs for kidney transplantation." N Engl J Med 351(26): 2715-29.

Hankey, D. J., S. L. Lightman, et al. (2001). "Interphotoreceptor retinoid binding protein peptide-induced uveitis in B10.RIII mice: characterization of disease parameters and immunomodulation." Exp Eye Res 72(3): 341-50.

Hara, Y., R. R. Caspi, et al. (1992). "Use of ACAID to suppress interphotoreceptor retinoid binding protein-induced experimental autoimmune uveitis." Curr Eye Res 11 Suppl: 97-100.

Harrington, L. E., R. D. Hatton, et al. (2005). "Interleukin 17-producing CD4+ effector T cells develop via a lineage distinct from the T helper type 1 and 2 lineages." Nat Immunol 6(11): 1123-32.

Harty, J. T., A. R. Tvinnereim, et al. (2000). "CD8+ T cell effector mechanisms in resistance to infection." Annu Rev Immunol 18: 275-308.

Haubitz, M. and R. Brunkhorst (2002). "Influence of a novel rapamycin analogon SDZ RAD on endothelial tissue factor and adhesion molecule expression." Transplant Proc 34(4): 1124-6.

Haxhinasto, S., D. Mathis, et al. (2008). "The AKT-mTOR axis regulates de novo differentiation of CD4+Foxp3+ cells." J Exp Med 205(3): 565-74.

Hayday, A., E. Theodoridis, et al. (2001). "Intraepithelial lymphocytes: exploring the Third Way in immunology." Nat Immunol 2(11): 997-1003.

Heiligenhaus, A., S. Thurau, et al. (2010). "Anti-inflammatory treatment of uveitis with biologicals: new treatment options that reflect pathogenetic knowledge of the disease." Graefes Arch Clin Exp Ophthalmol 248(11): 1531-51.

Heiligenhaus A, Z.-I. B., Roesel M, Heinz C. (2010). Uveitis refractive to cyclosporine improves with additional Everolimus: a pilot study. . Presentation at the 32th International Congress of Ophthalmology 2010.

Herzenberg, L. A., R. G. Sweet, et al. (1976). "Fluorescence-activated cell sorting." Sci Am 234(3): 108-17

7. Literaturverzeichnis

Higashijima, J., M. Shimada, et al. (2009). "Effect of splenectomy on antitumor immune system in mice." Anticancer Res 29(1): 385-93.

Higgins, S. C., A. G. Jarnicki, et al. (2006). "TLR4 mediates vaccine-induced protective cellular immunity to Bordetella pertussis: role of IL-17-producing T cells." J Immunol 177(11): 7980-9.

Hoekzema, R., P. I. Murray, et al. (1991). "Analysis of interleukin-6 in endotoxin-induced uveitis." Invest Ophthalmol Vis Sci 32(1): 88-95.

Hofstetter, H. H. and T. G. Forsthuber (2010). "Kinetics of IL-17- and interferon-gamma-producing PLPp-specific CD4 T cells in EAE induced by coinjection of PLPp/IFA with pertussis toxin in SJL mice." Neurosci Lett 476(3): 150-5.

Hori, S., T. Nomura, et al. (2003). "Control of regulatory T cell development by the transcription factor Foxp3." Science 299(5609): 1057-61.

Horiuchi, Y., M. Takahashi, et al. (1994). "Increased levels of active pertussis toxin may aid a pertussis vaccine to pass the mouse body weight gain test." Biologicals 22(3): 243-8.

Huang, C. T., C. J. Workman, et al. (2004). "Role of LAG-3 in regulatory T cells." Immunity 21(4): 503-13.

Huang, F. P., N. Platt, et al. (2000). "A discrete subpopulation of dendritic cells transports apoptotic intestinal epithelial cells to T cell areas of mesenteric lymph nodes." J Exp Med 191(3): 435-44.

Ichiyama, K., H. Yoshida, et al. (2008). "Foxp3 inhibits RORgammat-mediated IL-17A mRNA transcription through direct interaction with RORgammat." J Biol Chem 283(25): 17003-8.

Itoh, M., T. Takahashi, et al. (1999). "Thymus and autoimmunity: production of CD25+CD4+ naturally anergic and suppressive T cells as a key function of the thymus in maintaining immunologic self-tolerance." J Immunol 162(9): 5317-26.

Ivanov, II, B. S. McKenzie, et al. (2006). "The orphan nuclear receptor RORgammat directs the differentiation program of proinflammatory IL-17+ T helper cells." Cell 126(6): 1121-33.

Ivanov, II, L. Zhou, et al. (2007). "Transcriptional regulation of Th17 cell differentiation." Semin Immunol.

Jabs, D. A., R. B. Nussenblatt, et al. (2005). "Standardization of uveitis nomenclature for reporting clinical data. Results of the First International Workshop." Am J Ophthalmol 140(3): 509-16.

Janeway, C. A., Jr. (1992). "The immune system evolved to discriminate infectious nonself from noninfectious self." Immunol Today 13(1): 11-6.

Jiang, H. R., L. Lumsden, et al. (1999). "Macrophages and dendritic cells in IRBP-induced experimental autoimmune uveoretinitis in B10RIII mice." Invest Ophthalmol Vis Sci 40(13): 3177-85.

Jiang, L. Q., M. Jorquera, et al. (1993). "Subretinal space and vitreous cavity as immunologically privileged sites for retinal allografts." Invest Ophthalmol Vis Sci 34(12): 3347-54.

Johnston, R. B., Jr. (1988). "Current concepts: immunology. Monocytes and macrophages." N Engl J Med 318(12): 747-52.

7. Literaturverzeichnis

Jonuleit, H. and E. Schmitt (2004). "The Regulatory T Cell Family: Distinct Subsets and their Interrelations." Journal of Immunology.

Jonuleit, H., E. Schmitt, et al. (2002). "Infectious tolerance: human CD25(+) regulatory T cells convey suppressor activity to conventional CD4(+) T helper cells." J Exp Med **196**(2): 255-60.

Jonuleit, H., E. Schmitt, et al. (2001). "Dendritic cells as a tool to induce anergic and regulatory T cells." Trends Immunol **22**(7): 394-400.

Jung, D. and F. W. Alt (2004). "Unraveling V(D)J recombination; insights into gene regulation." Cell **116**(2): 299-311.

Kahan, B. D. (1997). "Sirolimus: a new agent for clinical renal transplantation." Transplant Proc **29**(1-2): 48-50.

Kang, J., S. J. Huddleston, et al. (2008). "De novo induction of antigen-specific CD4+CD25+Foxp3+ regulatory T cells in vivo following systemic antigen administration accompanied by blockade of mTOR." J Leukoc Biol **83**(5): 1230-9.

Kaplan, H. J. and J. W. Streilein (2007). "Immune response to immunization via the anterior chamber of the eye. II. An analysis of F1 lymphocyte-induced immune deviation. 1978." Ocul Immunol Inflamm **15**(3): 179-85.

Ke, Y., G. Jiang, et al. (2008). "Ocular regulatory T cells distinguish monophasic from recurrent autoimmune uveitis." Invest Ophthalmol Vis Sci **49**(9): 3999-4007.

Keino, H., M. Takeuchi, et al. (2007). "Supplementation of CD4+CD25+ regulatory T cells suppresses experimental autoimmune uveoretinitis." Br J Ophthalmol **91**(1): 105-10.

Kekalainen, E., H. Tuovinen, et al. (2007). "A defect of regulatory T cells in patients with autoimmune polyendocrinopathy-candidiasis-ectodermal dystrophy." J Immunol **178**(2): 1208-15.

Kezuka, T., J. Sakai, et al. (1996). "Peptide-mediated suppression of experimental autoimmune uveoretinitis in mice: development of a peptide vaccine." Int Immunol **8**(8): 1229-35.

Kaplan, H. J. and J. W. Streilein (2007). "Immune response to immunization via the anterior chamber of the eye. II. An analysis of F1 lymphocyte-induced immune deviation. 1978." Ocul Immunol Inflamm **15**(3): 179-85.

Ke, Y., G. Jiang, et al. (2008). "Ocular regulatory T cells distinguish monophasic from recurrent autoimmune uveitis." Invest Ophthalmol Vis Sci **49**(9): 3999-4007.

Keino, H., M. Takeuchi, et al. (2007). "Supplementation of CD4+CD25+ regulatory T cells suppresses experimental autoimmune uveoretinitis." Br J Ophthalmol **91**(1): 105-10.

Kekalainen, E., H. Tuovinen, et al. (2007). "A defect of regulatory T cells in patients with autoimmune polyendocrinopathy-candidiasis-ectodermal dystrophy." J Immunol **178**(2): 1208-15.

Kezuka, T., J. Sakai, et al. (1996). "Peptide-mediated suppression of experimental autoimmune uveoretinitis in mice: development of a peptide vaccine." Int Immunol **8**(8): 1229-35.

Khan, S. S., M. S. Smith, et al. (2004). "Multiplex bead array assays for detection of soluble cytokines: comparisons of sensitivity and quantitative values among kits from multiple manufacturers." Cytometry B Clin Cytom **61**(1): 35-9.

Khattri, R., T. Cox, et al. (2003). "An essential role for Scurfin in CD4+CD25+ T regulatory cells." Nat Immunol **4**(4): 337-42.

Kimura, A., T. Naka, et al. (2007). "IL-6-dependent and -independent pathways in the development of interleukin 17-producing T helper cells." Proc Natl Acad Sci U S A **104**(29): 12099-104.

Kirchner, G. I., I. Meier-Wiedenbach, et al. (2004). "Clinical pharmacokinetics of everolimus." Clin Pharmacokinet **43**(2): 83-95.

Kitaichi, N., K. Namba, et al. (2005). "Inducible immune regulation following autoimmune disease in the immune-privileged eye." J Leukoc Biol **77**(4): 496-502.

Kitamura, M., K. Iwabuchi, et al. (2007). "Osteopontin aggravates experimental autoimmune uveoretinitis in mice." J Immunol **178**(10): 6567-72.

Kojima, A., Y. Tanaka-Kojima, et al. (1976). "Spontaneous development of autoimmune thyroiditis in neonatally thymectomized mice." Lab Invest **34**(6): 550-7.

Komiyama, Y., S. Nakae, et al. (2006). "IL-17 plays an important role in the development of experimental autoimmune encephalomyelitis." J Immunol **177**(1): 566-73.

Korn, T., M. Mitsdoerffer, et al. (2008). "IL-6 controls Th17 immunity in vivo by inhibiting the conversion of conventional T cells into Foxp3+ regulatory T cells." Proc Natl Acad Sci U S A **105**(47): 18460-5.

Korn, T., J. Reddy, et al. (2007). "Myelin-specific regulatory T cells accumulate in the CNS but fail to control autoimmune inflammation." Nat Med **13**(4): 423-31.

Kovarik, J. M., B. D. Kahan, et al. (2001). "Longitudinal assessment of everolimus in de novo renal transplant recipients over the first post-transplant year: pharmacokinetics, exposure-response relationships, and influence on cyclosporine." Clin Pharmacol Ther **69**(1): 48-56.

Kulkarni, P. (2001). "Review: uveitis and immunosuppressive drugs." J Ocul Pharmacol Ther **17**(2): 181-7.

Kuo, C. J., J. Chung, et al. (1992). "Rapamycin selectively inhibits interleukin-2 activation of p70 S6 kinase." Nature **358**(6381): 70-3.

Kurschus, F. C., A. L. Croxford, et al. (2010). "Genetic proof for the transient nature of the Th17 phenotype." Eur J Immunol **40**(12): 3336-3346.

Kurts, C., R. M. Sutherland, et al. (1999). "CD8 T cell ignorance or tolerance to islet antigens depends on antigen dose." Proc Natl Acad Sci U S A **96**(22): 12703-7.

Kyewski, B. and L. Klein (2006). "A central role for central tolerance." Annu Rev Immunol **24**: 571-606.

Laan, M., Z. H. Cui, et al. (1999). "Neutrophil recruitment by human IL-17 via C-X-C chemokine release in the airways." J Immunol **162**(4): 2347-52.

Laan, M., J. Lotvall, et al. (2001). "IL-17-induced cytokine release in human bronchial epithelial cells in vitro: role of mitogen-activated protein (MAP) kinases." Br J Pharmacol **133**(1): 200-6.

7. Literaturverzeichnis

Lai, J. H. and T. H. Tan (1994). "CD28 signaling causes a sustained down-regulation of I kappa B alpha which can be prevented by the immunosuppressant rapamycin." J Biol Chem **269**(48): 30077-80.

Lando, Z. and A. Ben-Nun (1984). "Experimental autoimmune encephalomyelitis mediated by T-cell line. II. Specific requirements and the role of pertussis vaccine for the in vitro activation of the cells and induction of disease." Clin Immunol Immunopathol **30**(2): 290-303.

Lando, Z., D. Teitelbaum, et al. (1980). "Induction of experimental allergic encephalomyelitis in genetically resistant strains of mice." Nature **287**(5782): 551-2.

Le Bouteiller, P. (1994). "HLA class I chromosomal region, genes, and products: facts and questions." Crit Rev Immunol **14**(2): 89-129.

Lee, H. O., J. M. Herndon, et al. (2002). "TRAIL: a mechanism of tumor surveillance in an immune privileged site." J Immunol **169**(9): 4739-44.

Lee, J. W., M. Epardaud, et al. (2007). "Peripheral antigen display by lymph node stroma promotes T cell tolerance to intestinal self." Nat Immunol **8**(2): 181-90.

Lenschow, D. J., T. L. Walunas, et al. (1996). "CD28/B7 system of T cell costimulation." Annu Rev Immunol **14**: 233-58.

Lepault, F. and M. C. Gagnerault (2000). "Characterization of peripheral regulatory CD4+ T cells that prevent diabetes onset in nonobese diabetic mice." J Immunol **164**(1): 240-7.

Levings, M. K., R. Bacchetta, et al. (2002). "The role of IL-10 and TGF-beta in the differentiation and effector function of T regulatory cells." Int Arch Allergy Immunol **129**(4): 263-76.

Levings, M. K., R. Sangregorio, et al. (2002). "Human CD25+CD4+ T suppressor cell clones produce transforming growth factor beta, but not interleukin 10, and are distinct from type 1 T regulatory cells." J Exp Med **196**(10): 1335-46.

Lieberthal, W., R. Fuhro, et al. (2001). "Rapamycin impairs recovery from acute renal failure: role of cell-cycle arrest and apoptosis of tubular cells." Am J Physiol Renal Physiol **281**(4): F693-706.

Lim, H. W., P. Hillsamer, et al. (2005). "Cutting edge: direct suppression of B cells by CD4+ CD25+ regulatory T cells." J Immunol **175**(7): 4180-3.

Lindley, S., C. M. Dayan, et al. (2005). "Defective suppressor function in CD4(+)CD25(+) T-cells from patients with type 1 diabetes." Diabetes **54**(1): 92-9.

Linthicum, D. S. and J. A. Frelinger (1982). "Acute autoimmune encephalomyelitis in mice. II. Susceptibility is controlled by the combination of H-2 and histamine sensitization genes." J Exp Med **156**(1): 31-40.

Linthicum, D. S., J. J. Munoz, et al. (1982). "Acute experimental autoimmune encephalomyelitis in mice. I. Adjuvant action of Bordetella pertussis is due to vasoactive amine sensitization and increased vascular permeability of the central nervous system." Cell Immunol **73**(2): 299-310.

Liu, T., L. Soong, et al. (2009). "CD44 expression positively correlates with Foxp3 expression and suppressive function of CD4+ Treg cells." Biol Direct **4**: 40.

7. Literaturverzeichnis

Liu, W., A. L. Putnam, et al. (2006). "CD127 expression inversely correlates with FoxP3 and suppressive function of human CD4+ T reg cells." J Exp Med 203(7): 1701-11.

Liu, Y. and C. A. Janeway, Jr. (1992). "Cells that present both specific ligand and costimulatory activity are the most efficient inducers of clonal expansion of normal CD4 T cells." Proc Natl Acad Sci U S A 89(9): 3845-9.

Liu, Y. J., S. Oldfield, et al. (1988). "Memory B cells in T cell-dependent antibody responses colonize the splenic marginal zones." Eur J Immunol 18(3): 355-62.

Locke, N. R., S. Stankovic, et al. (2006). "TCR gamma delta intraepithelial lymphocytes are required for self-tolerance." J Immunol 176(11): 6553-9.

Lohr, J., B. Knoechel, et al. (2006). "Role of IL-17 and regulatory T lymphocytes in a systemic autoimmune disease." J Exp Med 203(13): 2785-91.

Lyons, A. B. (1997). "Pertussis toxin pretreatment alters the in vivo cell division behaviour and survival of B lymphocytes after intravenous transfer." Immunol Cell Biol 75(1): 7-12.

Majewski, M., M. Korecka, et al. (2000). "The immunosuppressive macrolide RAD inhibits growth of human Epstein-Barr virus-transformed B lymphocytes in vitro and in vivo: A potential approach to prevention and treatment of posttransplant lymphoproliferative disorders." Proc Natl Acad Sci U S A 97(8): 4285-90.

Makrigiannis, A. P. and D. W. Hoskin (1997). "Inhibition of CTL induction by rapamycin: IL-2 rescues granzyme B and perforin expression but only partially restores cytotoxic activity." J Immunol 159(10): 4700-7.

Maloy, K. J. and F. Powrie (2001). "Regulatory T cells in the control of immune pathology." Nat Immunol 2(9): 816-22.

Marusic, S. and S. Tonegawa (1997). "Tolerance induction and autoimmune encephalomyelitis amelioration after administration of myelin basic protein-derived peptide." J Exp Med 186(4): 507-15.

Matsuno, K., T. Ezaki, et al. (1989). "Splenic outer periarterial lymphoid sheath (PALS): an immunoproliferative microenvironment constituted by antigen-laden marginal metallophils and ED2-positive macrophages in the rat." Cell Tissue Res 257(3): 459-70.

McAllister, C. G., B. P. Vistica, et al. (1986). "The effects of pertussis toxin on the induction and transfer of experimental autoimmune uveoretinitis." Clin Immunol Immunopathol 39(2): 329-36.

McAllister, C. G., B. Wiggert, et al. (1987). "Uveitogenic potential of lymphocytes sensitized to interphotoreceptor retinoid-binding protein." J Immunol 138(5): 1416-20.

McHugh, R. S., M. J. Whitters, et al. (2002). "CD4(+)CD25(+) immunoregulatory T cells: gene expression analysis reveals a functional role for the glucocorticoid-induced TNF receptor." Immunity 16(2): 311-23.

McMahon, L. M., S. Luo, et al. (2000). "High-throughput analysis of everolimus (RAD001) and cyclosporin A (CsA) in whole blood by liquid chromatography/mass spectrometry using a semi-automated 96-well solid-phase extraction system." Rapid Commun Mass Spectrom 14(21): 1965-71.

Medawar, P. B. (1948). "Immunity to homologous grafted skin; the fate of skin homografts transplanted to the brain, to subcutaneous tissue, and to the anterior chamber of the eye." Br J Exp Pathol **29**(1): 58-69.

Medzhitov, R. (2001). "Toll-like receptors and innate immunity." Nat Rev Immunol **1**(2): 135-45.

Min, W. P., D. Zhou, et al. (2003). "Inhibitory feedback loop between tolerogenic dendritic cells and regulatory T cells in transplant tolerance." J Immunol **170**(3): 1304-12.

Misra, N., J. Bayry, et al. (2004). "Cutting edge: human CD4+CD25+ T cells restrain the maturation and antigen-presenting function of dendritic cells." J Immunol **172**(8): 4676-80.

Mitsdoerffer, M., Y. Lee, et al. (2010). "Proinflammatory T helper type 17 cells are effective B-cell helpers." Proc Natl Acad Sci U S A **107**(32): 14292-7.

Mochizuki, M. (1987). "T-lymphocyte and experimental autoimmune uveoretinitis." Jpn J Ophthalmol **31**(2): 230-4.

Mochizuki, M., T. Kuwabara, et al. (1985). "Adoptive transfer of experimental autoimmune uveoretinitis in rats. Immunopathogenic mechanisms and histologic features." Invest Ophthalmol Vis Sci **26**(1): 1-9.

Monti, P., A. Mercalli, et al. (2003). "Rapamycin impairs antigen uptake of human dendritic cells." Transplantation **75**(1): 137-45.

Mosmann, T. R. and R. L. Coffman (1989). "TH1 and TH2 cells: different patterns of lymphokine secretion lead to different functional properties." Annu Rev Immunol **7**: 145-73.

Nakamura, S., T. Yamakawa, et al. (1994). "The role of tumor necrosis factor-alpha in the induction of experimental autoimmune uveoretinitis in mice." Invest Ophthalmol Vis Sci **35**(11): 3884-9.

Namba, K., N. Kitaichi, et al. (2002). "Induction of regulatory T cells by the immunomodulating cytokines alpha-melanocyte-stimulating hormone and transforming growth factor-beta2." J Leukoc Biol **72**(5): 946-52.

Nashan, B. (2001). "The role of Certican (everolimus, rad) in the many pathways of chronic rejection." Transplant Proc **33**(7-8): 3215-20.

Nashan, B., J. Curtis, et al. (2004). "Everolimus and reduced-exposure cyclosporine in de novo renal-transplant recipients: a three-year phase II, randomized, multicenter, open-label study." Transplantation **78**(9): 1332-40.

Nathan, C. (2006). "Neutrophils and immunity: challenges and opportunities." Nat Rev Immunol **6**(3): 173-82.

7. Literaturverzeichnis

Nemazee, D. A. and K. Burki (1989). "Clonal deletion of B lymphocytes in a transgenic mouse bearing anti-MHC class I antibody genes." Nature 337(6207): 562-6.

Neumayer, H. H., K. Paradis, et al. (1999). "Entry-into-human study with the novel immunosuppressant SDZ RAD in stable renal transplant recipients." Br J Clin Pharmacol 48(5): 694-703.

Niederkorn, J. Y. (2002). "Immune privilege in the anterior chamber of the eye." Crit Rev Immunol 22(1): 13-46.

Nimmerjahn, F. and J. V. Ravetch (2008). "Fcgamma receptors as regulators of immune responses." Nat Rev Immunol 8(1): 34-47.

Nistala, K., H. Moncrieffe, et al. (2008). "Interleukin-17-producing T cells are enriched in the joints of children with arthritis, but have a reciprocal relationship to regulatory T cell numbers." Arthritis Rheum 58(3): 875-87.

Nussenblatt, R. B. (1990). "The natural history of uveitis." Int Ophthalmol 14(5-6): 303-8.

O'Connor, R. A., K. H. Malpass, et al. (2007). "The inflamed central nervous system drives the activation and rapid proliferation of Foxp3+ regulatory T cells." J Immunol 179(2): 958-66.

O'Neill, L. A. (2000). "The interleukin-1 receptor/Toll-like receptor superfamily: signal transduction during inflammation and host defense." Sci STKE 2000(44): re1.

Ohta, K., S. Yamagami, et al. (2000). "IL-6 antagonizes TGF-beta and abolishes immune privilege in eyes with endotoxin-induced uveitis." Invest Ophthalmol Vis Sci 41(9): 2591-9.

Okumura, A., M. Mochizuki, et al. (1990). "Endotoxin-induced uveitis (EIU) in the rat: a study of inflammatory and immunological mechanisms." Int Ophthalmol 14(1): 31-6.

Osusky, R., R. J. Dorio, et al. (1997). "MHC class II positive retinal pigment epithelial (RPE) cells can function as antigen-presenting cells for microbial superantigen." Ocul Immunol Inflamm 5(1): 43-50.

Palestine, A. G., H. A. Austin, 3rd, et al. (1986). "Renal histopathologic alterations in patients treated with cyclosporine for uveitis." N Engl J Med 314(20): 1293-8.

Palestine, A. G., C. Mc Allister, et al. (1986). "Lymphocyte migration in the adoptive transfer of EAU." Invest Ophthalmol Vis Sci 27(4): 611-5.

Palmer, E. (2003). "Negative selection--clearing out the bad apples from the T-cell repertoire." Nat Rev Immunol 3(5): 383-91.

Palmer, J. M., B. J. Chen, et al. (2009). "Novel mechanism of Rapamycin in GVHD: increase in interstitial regulatory T cells." Bone Marrow Transplant.

Parker, D. C. (1993). "T cell-dependent B cell activation." Annu Rev Immunol 11: 331-60.

Poltorak, A., X. He, et al. (1998). "Defective LPS signaling in C3H/HeJ and C57BL/10ScCr mice: mutations in Tlr4 gene." Science 282(5396): 2085-8.

Probst-Kepper, M., R. Balling, et al. "FOXP3: required but not sufficient. the role of GARP (LRRC32) as a safeguard of the regulatory phenotype." Curr Mol Med 10(6): 533-9.

Probst-Kepper, M. and J. Buer "FOXP3 and GARP (LRRC32): the master and its minion." Biol Direct 5: 8.

Probst-Kepper, M., R. Geffers, et al. (2009). "GARP: a key receptor controlling FOXP3 in human regulatory T cells." J Cell Mol Med 13(9B): 3343-57.

Qureshi, S. T., L. Lariviere, et al. (1999). "Endotoxin-tolerant mice have mutations in Toll-like receptor 4 (Tlr4)." J Exp Med 189(4): 615-25.

Read, S., V. Malmstrom, et al. (2000). "Cytotoxic T lymphocyte-associated antigen 4 plays an essential role in the function of CD25(+)CD4(+) regulatory cells that control intestinal inflammation." J Exp Med 192(2): 295-302.

Reichardt, W., C. Durr, et al. (2008). "Impact of mammalian target of rapamycin inhibition on lymphoid homing and tolerogenic function of nanoparticle-labeled dendritic cells following allogeneic hematopoietic cell transplantation." J Immunol 181(7): 4770-9.

Rijpkema, S. G., T. Adams, et al. (2005). "Investigation in a model system of the effects of combinations of anthrax and pertussis vaccines administered to service personnel in the 1991 Gulf War." Hum Vaccin 1(4): 165-9.

Rizzo, L. V., P. Silver, et al. (1996). "Establishment and characterization of a murine CD4+ T cell line and clone that induce experimental autoimmune uveoretinitis in B10.A mice." J Immunol 156(4): 1654-60.

Rizzo, L. V., H. Xu, et al. (1998). "IL-10 has a protective role in experimental autoimmune uveoretinitis." Int Immunol 10(6): 807-14.

Roberge, F. G., Y. de Kozak, et al. (1989). "Immune response to intraocular injection of retinal S-antigen in adjuvant." Graefes Arch Clin Exp Ophthalmol 227(1): 67-71.

Roncarolo, M. G., S. Gregori, et al. (2006). "Interleukin-10-secreting type 1 regulatory T cells in rodents and humans." Immunol Rev 212: 28-50.

Roncarolo, M. G., S. Gregori, et al. (2003). "Type 1 T regulatory cells and their relationship with CD4+CD25+ T regulatory cells." Novartis Found Symp 252: 115-27; discussion 127-31, 203-10.

Rosenbaum, J. T., H. O. McDevitt, et al. (1980). "Endotoxin-induced uveitis in rats as a model for human disease." Nature 286(5773): 611-3.

Rothenberg, E. V., J. E. Moore, et al. (2008). "Launching the T-cell-lineage developmental programme." Nat Rev Immunol 8(1): 9-21.

Rothova, A., T. T. Berendschot, et al. (2004). "Birdshot chorioretinopathy: long-term manifestations and visual prognosis." Ophthalmology 111(5): 954-9.

Rovira, J., E. Marcelo Arellano, et al. (2008). "Effect of mTOR inhibitor on body weight: from an experimental rat model to human transplant patients." Transpl Int 21(10): 992-8.

Rucker, C. W. (1950). "Sheathing of the retinal veins in multiple sclerosis." Res Publ Assoc Res Nerv Ment Dis **28**: 396-402.

Rus, H., C. Cudrici, et al. (2005). "The role of the complement system in innate immunity." Immunol Res **33**(2): 103-12.

Ryan, M., L. McCarthy, et al. (1998). "Pertussis toxin potentiates Th1 and Th2 responses to co-injected antigen: adjuvant action is associated with enhanced regulatory cytokine production and expression of the co-stimulatory molecules B7-1, B7-2 and CD28." Int Immunol **10**(5): 651-62.

Sakaguchi, S., S. Hori, et al. (2003). "Thymic generation and selection of CD25+CD4+ regulatory T cells: implications of their broad repertoire and high self-reactivity for the maintenance of immunological self-tolerance." Novartis Found Symp **252**: 6-16; discussion 16-23, 106-14.

Sakaguchi, S., N. Sakaguchi, et al. (1995). "Immunologic self-tolerance maintained by activated T cells expressing IL-2 receptor alpha-chains (CD25). Breakdown of a single mechanism of self-tolerance causes various autoimmune diseases." J Immunol **155**(3): 1151-64.

Sakaguchi, S., T. Takahashi, et al. (1982). "Study on cellular events in post-thymectomy autoimmune oophoritis in mice. II. Requirement of Lyt-1 cells in normal female mice for the prevention of oophoritis." J Exp Med **156**(6): 1577-86.

San Segundo, D., G. Fernandez-Fresnedo, et al. (2010). "Number of peripheral blood regulatory T cells and lymphocyte activation at 3 months after conversion to mTOR inhibitor therapy." Transplant Proc **42**(8): 2871-3.

San Segundo, D., J. C. Ruiz, et al. (2006). "Calcineurin inhibitors affect circulating regulatory T cells in stable renal transplant recipients." Transplant Proc **38**(8): 2391-3.

Saoudi, A., J. Kuhn, et al. (1993). "TH2 activated cells prevent experimental autoimmune uveoretinitis, a TH1-dependent autoimmune disease." Eur J Immunol **23**(12): 3096-103.

Sauer, S., L. Bruno, et al. (2008). "T cell receptor signaling controls Foxp3 expression via PI3K, Akt, and mTOR." Proc Natl Acad Sci U S A **105**(22): 7797-802.

Schuler, W., R. Sedrani, et al. (1997). "SDZ RAD, a new rapamycin derivative: pharmacological properties in vitro and in vivo." Transplantation **64**(1): 36-42.

Schuurman, H. J., S. Cottens, et al. (1997). "SDZ RAD, a new rapamycin derivative: synergism with cyclosporine." Transplantation **64**(1): 32-5.

Schuurman, H. J., J. Ringers, et al. (2000). "Oral efficacy of the macrolide immunosuppressant SDZ RAD and of cyclosporine microemulsion in cynomolgus monkey kidney allotransplantation." Transplantation **69**(5): 737-42.

Schuurman, H. J., W. Schuler, et al. (1998). "The macrolide SDZ RAD is efficacious in a nonhuman primate model of allotransplantation." Transplant Proc **30**(5): 2198-9.

Schwarzenberger, P., W. Huang, et al. (2000). "Requirement of endogenous stem cell factor and granulocyte-colony-stimulating factor for IL-17-mediated granulopoiesis." J Immunol **164**(9): 4783-9.

7. Literaturverzeichnis

Segundo, D. S., J. C. Ruiz, et al. (2006). "Calcineurin inhibitors, but not rapamycin, reduce percentages of CD4+CD25+FOXP3+ regulatory T cells in renal transplant recipients." Transplantation **82**(4): 550-7.

Serkova, N., W. Jacobsen, et al. (2001). "Sirolimus, but not the structurally related RAD (everolimus), enhances the negative effects of cyclosporine on mitochondrial metabolism in the rat brain." Br J Pharmacol **133**(6): 875-85.

Sewell, W. A. and P. Andrews (1989). "Inhibition of lymphocyte circulation in mice by pertussis toxin." Immunol Cell Biol **67** (Pt 5): 291-6.

Sewell, W. A., P. A. de Moerloose, et al. (1986). "Pertussigen enhances antigen-driven interferon-gamma production by sensitized lymphoid cells." Cell Immunol **97**(2): 238-47.

Shao, H., Y. Fu, et al. (2005). "Anti-CD137 mAb treatment inhibits experimental autoimmune uveitis by limiting expansion and increasing apoptotic death of uveitogenic T cells." Invest Ophthalmol Vis Sci **46**(2): 596-603.

Shapiro, H. M. (2003). Practical flow cytometry

Sheibanie, A. F., T. Khayrullina, et al. (2007). "Prostaglandin E2 exacerbates collagen-induced arthritis in mice through the inflammatory interleukin-23/interleukin-17 axis." Arthritis Rheum **56**(8): 2608-19.

Sheth, K. and P. Bankey (2001). "The liver as an immune organ." Curr Opin Crit Care **7**(2): 99-104.

Shevach, E. M. (2002). "CD4+ CD25+ suppressor T cells: more questions than answers." Nat Rev Immunol **2**(6): 389-400.

Shevach, E. M., R. S. McHugh, et al. (2001). "Control of T-cell activation by CD4+ CD25+ suppressor T cells." Immunol Rev **182**: 58-67.

Shi, G., C. A. Cox, et al. (2008). "Phenotype Switching by Inflammation-Inducing Polarized Th17 Cells, but Not by Th1 Cells1." The Journal of Immunology **181**: 7205–7213.

Shimizu, J., S. Yamazaki, et al. (2002). "Stimulation of CD25(+)CD4(+) regulatory T cells through GITR breaks immunological self-tolerance." Nat Immunol **3**(2): 135-42.

Shive, C. L., H. Hofstetter, et al. (2000). "The enhanced antigen-specific production of cytokines induced by pertussis toxin is due to clonal expansion of T cells and not to altered effector functions of long-term memory cells." Eur J Immunol **30**(8): 2422-31.

Shlomchik, M. J. (2008). "Sites and stages of autoreactive B cell activation and regulation." Immunity **28**(1): 18-28.

Siegmund, K., M. Feuerer, et al. (2005). "Migration matters: regulatory T-cell compartmentalization determines suppressive activity in vivo." Blood **106**(9): 3097-104.

Silver, P. B., C. C. Chan, et al. (1999). "The requirement for pertussis to induce EAU is strain-dependent: B10.RIII, but not B10.A mice, develop EAU and Th1 responses to IRBP without pertussis treatment." Invest Ophthalmol Vis Sci **40**(12): 2898-905.

7. Literaturverzeichnis

Silver, P. B., R. Horai, et al. (2011). "T regulatory Cells Accumulate in the Eye During Uveitis and Act to Control Inflammation." Invest. Ophthalmol. Vis. Sci. **52**(6): 4765-.

Silver, P. B., L. V. Rizzo, et al. (1995). "Identification of a major pathogenic epitope in the human IRBP molecule recognized by mice of the H-2r haplotype." Invest Ophthalmol Vis Sci **36**(5): 946-54.

Skelsey, M. E., E. Mayhew, et al. (2003). "CD25+, interleukin-10-producing CD4+ T cells are required for suppressor cell production and immune privilege in the anterior chamber of the eye." Immunology **110**(1): 18-29.

Serkova, N., W. Jacobsen, et al. (2001). "Sirolimus, but not the structurally related RAD (everolimus), enhances the negative effects of cyclosporine on mitochondrial metabolism in the rat brain." Br J Pharmacol **133**(6): 875-85.

Sewell, W. A. and P. Andrews (1989). "Inhibition of lymphocyte circulation in mice by pertussis toxin." Immunol Cell Biol **67** (Pt 5): 291-6.

Sewell, W. A., P. A. de Moerloose, et al. (1986). "Pertussigen enhances antigen-driven interferon-gamma production by sensitized lymphoid cells." Cell Immunol **97**(2): 238-47.

Shao, H., Y. Fu, et al. (2005). "Anti-CD137 mAb treatment inhibits experimental autoimmune uveitis by limiting expansion and increasing apoptotic death of uveitogenic T cells." Invest Ophthalmol Vis Sci **46**(2): 596-603.

Shapiro, H. M. (2003). Practical flow cytometry

Sheibanie, A. F., T. Khayrullina, et al. (2007). "Prostaglandin E2 exacerbates collagen-induced arthritis in mice through the inflammatory interleukin-23/interleukin-17 axis." Arthritis Rheum **56**(8): 2608-19.

Shevach, E. M. (2002). "CD4+ CD25+ suppressor T cells: more questions than answers." Nat Rev Immunol **2**(6): 389-400.

Shevach, E. M., R. S. McHugh, et al. (2001). "Control of T-cell activation by CD4+ CD25+ suppressor T cells." Immunol Rev **182**: 58-67.

Shi, G., C. A. Cox, et al. (2008). "Phenotype Switching by Inflammation-Inducing Polarized Th17 Cells, but Not by Th1 Cells1." The Journal of Immunology **181**: 7205–7213.

Shimizu, J., S. Yamazaki, et al. (2002). "Stimulation of CD25(+)CD4(+) regulatory T cells through GITR breaks immunological self-tolerance." Nat Immunol **3**(2): 135-42.

Shive, C. L., H. Hofstetter, et al. (2000). "The enhanced antigen-specific production of cytokines induced by pertussis toxin is due to clonal expansion of T cells and not to altered effector functions of long-term memory cells." Eur J Immunol **30**(8): 2422-31.

Shlomchik, M. J. (2008). "Sites and stages of autoreactive B cell activation and regulation." Immunity **28**(1): 18-28.

Siegmund, K., M. Feuerer, et al. (2005). "Migration matters: regulatory T-cell compartmentalization determines suppressive activity in vivo." Blood **106**(9): 3097-104.

7. Literaturverzeichnis

Silver, P. B., C. C. Chan, et al. (1999). "The requirement for pertussis to induce EAU is strain-dependent: B10.RIII, but not B10.A mice, develop EAU and Th1 responses to IRBP without pertussis treatment." Invest Ophthalmol Vis Sci **40**(12): 2898-905.

Silver, P. B., R. Horai, et al. (2011). "T regulatory Cells Accumulate in the Eye During Uveitis and Act to Control Inflammation." Invest. Ophthalmol. Vis. Sci. **52**(6): 4765-.

Silver, P. B., L. V. Rizzo, et al. (1995). "Identification of a major pathogenic epitope in the human IRBP molecule recognized by mice of the H-2r haplotype." Invest Ophthalmol Vis Sci **36**(5): 946-54.

Skelsey, M. E., E. Mayhew, et al. (2003). "CD25+, interleukin-10-producing CD4+ T cells are required for suppressor cell production and immune privilege in the anterior chamber of the eye." Immunology **110**(1): 18-29.

Smit, R. L., G. S. Baarsma, et al. (1993). "Classification of 750 consecutive uveitis patients in the Rotterdam Eye Hospital." Int Ophthalmol **17**(2): 71-6.

Smith, H., Y. H. Lou, et al. (1992). "Tolerance mechanism in experimental ovarian and gastric autoimmune diseases." J Immunol **149**(6): 2212-8.

Smith, H., Y. Sakamoto, et al. (1991). "Effector and regulatory cells in autoimmune oophoritis elicited by neonatal thymectomy." J Immunol **147**(9): 2928-33.

Smith, J. R. (2002). "HLA-B27--associated uveitis." Ophthalmol Clin North Am **15**(3): 297-307.

Sohn, J.-H., H. J. Kaplan, et al. (2000). "Chronic Low Level Complement Activation within the Eye Is Controlled by Intraocular Complement Regulatory Proteins." Invest. Ophthalmol. Vis. Sci. **41**(11): 3492-3502.

Sohn, J.-H., H. J. Kaplan, et al. (2000). "Complement Regulatory Activity of Normal Human Intraocular Fluid Is Mediated by MCP, DAF, and CD59." Invest. Ophthalmol. Vis. Sci. **41**(13): 4195-4202.

Sonderegger, I., G. Iezzi, et al. (2008). "GM-CSF mediates autoimmunity by enhancing IL-6-dependent Th17 cell development and survival." J Exp Med **205**(10): 2281-94.

Spangrude, G. J., B. A. Araneo, et al. (1985). "Site-selective homing of antigen-primed lymphocyte populations can play a crucial role in the efferent limb of cell-mediated immune responses in vivo." J Immunol **134**(5): 2900-7.

Spangrude, G. J., F. Sacchi, et al. (1985). "Inhibition of lymphocyte and neutrophil chemotaxis by pertussis toxin." J Immunol **135**(6): 4135-43.

Spriggs, M. K. (1997). "Interleukin-17 and its receptor." J Clin Immunol **17**(5): 366-9.

Starr, T. K., S. C. Jameson, et al. (2003). "Positive and negative selection of T cells." Annu Rev Immunol **21**: 139-76.

Stein-Streilein, J. and J. W. Streilein (2002). "Anterior chamber associated immune deviation (ACAID): regulation, biological relevance, and implications for therapy." Int Rev Immunol **21**(2-3): 123-52.

Steinman, L. (2007). "A brief history of T(H)17, the first major revision in the T(H)1/T(H)2 hypothesis of T cell-mediated tissue damage." Nat Med **13**(2): 139-45.

Stockinger, B. and M. Veldhoen (2007). "Differentiation and function of Th17 T cells." Curr Opin Immunol 19(3): 281-6.

Strauss, L., T. L. Whiteside, et al. (2007). "Selective survival of naturally occurring human CD4+CD25+Foxp3+ regulatory T cells cultured with rapamycin." J Immunol 178(1): 320-9.

Streilein, J. W. (1993). "Immune privilege as the result of local tissue barriers and immunosuppressive microenvironments." Curr Opin Immunol 5(3): 428-32.

Streilein, J. W. (1993). "Tissue barriers, immunosuppressive microenvironments, and privileged sites: the eye's point of view." Reg Immunol 5(5): 253-68.

Streilein, J. W., S. Masli, et al. (2002). "The eye's view of antigen presentation." Hum Immunol 63(6): 435-43.

Streilein, J. W., G. A. Wilbanks, et al. (1992). "Immunoregulatory mechanisms of the eye." J Neuroimmunol 39(3): 185-200.

Sun, B., L. V. Rizzo, et al. (1997). "Genetic susceptibility to experimental autoimmune uveitis involves more than a predisposition to generate a T helper-1-like or a T helper-2-like response." J Immunol 159(2): 1004-11.

Sun, D., V. Enzmann, et al. (2003). "Retinal pigment epithelial cells activate uveitogenic T cells when they express high levels of MHC class II molecules, but inhibit T cell activation when they express restricted levels." J Neuroimmunol 144(1-2): 1-8.

Sun, M., P. Yang, et al. (2010). "Contribution of CD4+CD25+ T cells to the regression phase of experimental autoimmune uveoretinitis." Invest Ophthalmol Vis Sci 51(1): 383-9..

Sun, M., P. Yang, et al. "Increased Regulatory T Cells in Spleen during Experimental Autoimmune Uveoretinitis." Ocul Immunol Inflamm 18(1): 38-43.

Sun, M., P. Yang, et al. (2010). "Increased Regulatory T Cells in Spleen during Experimental Autoimmune Uveoretinitis." Ocul Immunol Inflamm 18(1): 38-43.

Suri-Payer, E., A. Z. Amar, et al. (1998). "CD4+CD25+ T cells inhibit both the induction and effector function of autoreactive T cells and represent a unique lineage of immunoregulatory cells." J Immunol 160(3): 1212-8.

Suttorp-Schulten, M. S. and A. Rothova (1996). "The possible impact of uveitis in blindness: a literature survey." Br J Ophthalmol 80(9): 844-8.

Taams, L. S., A. J. van Rensen, et al. (1998). "Anergic T cells actively suppress T cell responses via the antigen-presenting cell." Eur J Immunol 28(9): 2902-12.

Taguchi, O. and Y. Nishizuka (1980). "Autoimmune oophoritis in thymectomized mice: T cell requirement in adoptive cell transfer." Clin Exp Immunol 42(2): 324-31.

Taguchi, O., Y. Nishizuka, et al. (1980). "Autoimmune oophoritis in thymectomized mice: detection of circulating antibodies against oocytes." Clin Exp Immunol 40(3): 540-53.

Takahashi, T., T. Tagami, et al. (2000). "Immunologic self-tolerance maintained by CD25(+)CD4(+) regulatory T cells constitutively expressing cytotoxic T lymphocyte-associated antigen 4." J Exp Med 192(2): 303-10.

7. Literaturverzeichnis

Takeda, K., T. Kaisho, et al. (2003). "Toll-like receptors." Annu Rev Immunol 21: 335-76.

Takeuchi, M., H. Yokoi, et al. (2001). "Differentiation of Th1 and Th2 cells in lymph nodes and spleens of mice during experimental autoimmune uveoretinitis." Jpn J Ophthalmol 45(5): 463-9.

Taler, S. J., S. C. Textor, et al. (1999). "Cyclosporin-induced hypertension: incidence, pathogenesis and management." Drug Saf 20(5): 437-49.

Tang, J., W. Zhu, et al. (2007). "Autoimmune uveitis elicited with antigen-pulsed dendritic cells has a distinct clinical signature and is driven by unique effector mechanisms: initial encounter with autoantigen defines disease phenotype." J Immunol 178(9): 5578-87.

Tappeiner, C., M. Roesel, et al. (2009). "Limited value of cyclosporine A for the treatment of patients with uveitis associated with juvenile idiopathic arthritis." Eye (Lond) 23(5): 1192-8.

Taubert, R., J. Schwendemann, et al. (2007). "Highly variable expression of tissue-restricted self-antigens in human thymus: implications for self-tolerance and autoimmunity." Eur J Immunol 37(3): 838-48.

Taylor, A. W. (1999). "Ocular immunosuppressive microenvironment." Chem Immunol 73: 72-89.

Taylor, A. W. and D. G. Yee (2003). "Somatostatin is an immunosuppressive factor in aqueous humor." Invest Ophthalmol Vis Sci 44(6): 2644-9.

Tenderich, G., U. Fuchs, et al. (2007). "Comparison of sirolimus and everolimus in their effects on blood lipid profiles and haematological parameters in heart transplant recipients." Clin Transplant 21(4): 536-43.

Teunissen, M. B., C. W. Koomen, et al. (1998). "Interleukin-17 and interferon-gamma synergize in the enhancement of proinflammatory cytokine production by human keratinocytes." J Invest Dermatol 111(4): 645-9.

Textor, S. C., V. J. Canzanello, et al. (1994). "Cyclosporine-induced hypertension after transplantation." Mayo Clin Proc 69(12): 1182-93.

Thornton, A. M. and E. M. Shevach (1998). "CD4+CD25+ immunoregulatory T cells suppress polyclonal T cell activation in vitro by inhibiting interleukin 2 production." J Exp Med 188(2): 287-96.

Thornton, A. M. and E. M. Shevach (2000). "Suppressor effector function of CD4+CD25+ immunoregulatory T cells is antigen nonspecific." J Immunol 104(1): 183-90.

Thurau, S. R., C. C. Chan, et al. (1991). "Induction of oral tolerance to S-antigen induced experimental autoimmune uveitis by a uveitogenic 20mer peptide." J Autoimmun 4(3): 507-16.

Tiegs, S. L., D. M. Russell, et al. (1993). "Receptor editing in self-reactive bone marrow B cells." J Exp Med 177(4): 1009-20.

Trinchieri, G. (1989). "Biology of natural killer cells." Adv Immunol 47: 187-376.

Tugal-Tutkun, I., S. Onal, et al. (2004). "Uveitis in Behcet disease: an analysis of 880 patients." Am J Ophthalmol 138(3): 373-80.

7. Literaturverzeichnis

Tuohy, V. K., R. B. Fritz, et al. (1994). "Self-determinants in autoimmune demyelinating disease: changes in T- cell response specificity." Curr Opin Immunol **6**(6): 887-91.

Turnquist, H. R., G. Raimondi, et al. (2007). "Rapamycin-conditioned dendritic cells are poor stimulators of allogeneic CD4+ T cells, but enrich for antigen-specific Foxp3+ T regulatory cells and promote organ transplant tolerance." J Immunol **178**(11): 7018-31.

Vadot, E. (1987). "[HLA B 27 antigen in acute anterior uveitis. Frequency and prognostic value]." Ophtalmologie **1**(2): 275-6.

Vadot, E. (1992). "Epidemiology of intermediate uveitis: a prospective study in Savoy." Dev Ophthalmol **23**: 33-4.

Valencia, X., C. Yarboro, et al. (2007). "Deficient CD4+CD25high T regulatory cell function in patients with active systemic lupus erythematosus." J Immunol **178**(4): 2579-88.

Van Gelder, R. N. and H. J. Kaplan (1999). "Immunosuppression in uveitis therapy." Springer Semin Immunopathol **21**(2): 179-90.

Van Tuyen, V., J. P. Faure, et al. (1982). "Antibody determination by ELISA in rats with retinal S antigen-induced uveoretinitis." Curr Eye Res **2**(1): 7-12.

Vanderlugt, C. J. and S. D. Miller (1996). "Epitope spreading." Curr Opin Immunol **8**(6): 831-6.

Vazquez de Prada, J. A., R. Martin-Duran, et al. (1990). "Cyclosporine neurotoxicity in heart transplantation." J Heart Transplant **9**(5): 581-3.

Venken, K., N. Hellings, et al. (2008). "Natural naive CD4+CD25+CD127low regulatory T cell (Treg) development and function are disturbed in multiple sclerosis patients: recovery of memory Treg homeostasis during disease progression." J Immunol **180**(9): 6411-20.

Venken, K., N. Hellings, et al. (2008). "Compromised CD4+ CD25(high) regulatory T-cell function in patients with relapsing-remitting multiple sclerosis is correlated with a reduced frequency of FOXP3-positive cells and reduced FOXP3 expression at the single-cell level." Immunology **123**(1): 79-89.

Vidovic-Valentincic, N., A. Kraut, et al. (2009). "Intermediate uveitis: long-term course and visual outcome." Br J Ophthalmol **93**(4): 477-80.

Viglietta, V., C. Baecher-Allan, et al. (2004). "Loss of functional suppression by CD4+CD25+ regulatory T cells in patients with multiple sclerosis." J Exp Med **199**(7): 971-9.

Vitetta, E. S., M. T. Berton, et al. (1991). "Memory B and T cells." Annu Rev Immunol **9**: 193-217.

von Boehmer, H. and F. Melchers (2010). "Checkpoints in lymphocyte development and autoimmune disease." Nat Immunol **11**(1): 14-20.

Wacker, W. B., L. A. Donoso, et al. (1977). "Experimental allergic uveitis. Isolation, characterization, and localization of a soluble uveitopathogenic antigen from bovine retina." J Immunol **119**(6): 1949-58.

7. Literaturverzeichnis

Waldrep, J. C. and L. A. Donoso (1990). "Auxiliary production of antibodies to ocular antigens in experimental autoimmune uveoretinitis." Curr Eye Res **9**(3): 241-8.

Wang, H., L. Zhao, et al. (2006). "A potential side effect of cyclosporin A: inhibition of CD4(+)CD25(+) regulatory T cells in mice." Transplantation **82**(11): 1484-92.

Wang, S., Z. F. Boonman, et al. (2003). "Role of TRAIL and IFN-gamma in CD4+ T cell-dependent tumor rejection in the anterior chamber of the eye." J Immunol **171**(6): 2789-96.a

Weiner, H. L. (2001). "Induction and mechanism of action of transforming growth factor-beta-secreting Th3 regulatory cells." Immunol Rev **182**: 207-14.

Weiner, H. L. (2001). "Oral tolerance: immune mechanisms and the generation of Th3-type TGF-beta-secreting regulatory cells." Microbes Infect **3**(11): 947-54.

Wekerle, H., M. Bradl, et al. (1996). "The shaping of the brain-specific T lymphocyte repertoire in the thymus." Immunol Rev **149**: 231-43.

Wenkel, H. and J. W. Streilein (1998). "Analysis of immune deviation elicited by antigens injected into the subretinal space." Invest Ophthalmol Vis Sci **39**(10): 1823-34.

Whiting, P. H., B. J. Adam, et al. (1991). "The effect of rapamycin on renal function in the rat: a comparative study with cyclosporine." Toxicol Lett **58**(2): 169-79.

Whiting, P. H., J. Woo, et al. (1991). "Toxicity of rapamycin--a comparative and combination study with cyclosporine at immunotherapeutic dosage in the rat." Transplantation **52**(2): 203-8.

Wildner, G. and M. Diedrichs-Moehring (2005). "Multiple autoantigen mimotopes of infectious agents induce autoimmune arthritis and uveitis in lewis rats." Clin Diagn Lab Immunol **12**(5): 677-9.

Witowski, J., K. Pawlaczyk, et al. (2000). "IL-17 stimulates intraperitoneal neutrophil infiltration through the release of GRO alpha chemokine from mesothelial cells." J Immunol **165**(10): 5814-21.

Xie, C., R. Patel, et al. (2007). "PI3K/AKT/mTOR hypersignaling in autoimmune lymphoproliferative disease engendered by the epistatic interplay of Sle1b and FASlpr." Int Immunol **19**(4): 509-22.

Xu, H., J. V. Forrester, et al. (2003). "Leukocyte trafficking in experimental autoimmune uveitis: breakdown of blood-retinal barrier and upregulation of cellular adhesion molecules." Invest Ophthalmol Vis Sci **44**(1): 226-34.

Xu, H., L. V. Rizzo, et al. (1997). "Uveitogenicity is associated with a Th1-like lymphokine profile: cytokine-dependent modulation of early and committed effector T cells in experimental autoimmune uveitis." Cell Immunol **178**(1): 69-78.

Xu, H., E. F. Wawrousek, et al. (2000). "Transgenic expression of an immunologically privileged retinal antigen extraocularly enhances self tolerance and abrogates susceptibility to autoimmune uveitis." Eur J Immunol **30**(1): 272-8.

Xu, Q., J. Lee, et al. (2007). "Human CD4+CD25low adaptive T regulatory cells suppress delayed-type hypersensitivity during transplant tolerance." J Immunol **178**(6): 3983-95.

7. Literaturverzeichnis

Yamamura, Y., R. Gupta, et al. (2001). "Effector function of resting T cells: activation of synovial fibroblasts." J Immunol **166**(4): 2270-5.

Yang, X. O., R. Nurieva, et al. (2008). "Molecular antagonism and plasticity of regulatory and inflammatory T cell programs." Immunity **29**(1): 44-56.

Yao, Z., S. L. Painter, et al. (1995). "Human IL-17: a novel cytokine derived from T cells." J Immunol **155**(12): 5483-6.

Yoshida, M., M. Takeuchi, et al. (2000). "Participation of pigment epithelium of iris and ciliary body in ocular immune privilege. 1. Inhibition of T-cell activation in vitro by direct cell-to-cell contact." Invest Ophthalmol Vis Sci **41**(3): 811-21.

Zeiser, R., D. B. Leveson-Gower, et al. (2008). "Differential impact of mammalian target of rapamycin inhibition on CD4+CD25+Foxp3+ regulatory T cells compared with conventional CD4+ T cells." Blood **111**(1): 453-62.

Zelenika, D., E. Adams, et al. (2001). "The role of CD4+ T-cell subsets in determining transplantation rejection or tolerance." Immunol Rev **182**: 164-79.

Zheng, Y., D. M. Danilenko, et al. (2007). "Interleukin-22, a T(H)17 cytokine, mediates IL-23-induced dermal inflammation and acanthosis." Nature **445**(7128): 648-51.

Zhou, L., J. E. Lopes, et al. (2008). "TGF-beta-induced Foxp3 inhibits T(H)17 cell differentiation by antagonizing RORgammat function." Nature **453**(7192): 236-40.

8. Publikationsliste

Publizierte Artikel

Grajewski R, Li J, Wasmuth S, Hennig M, Bauer D, Heiligenhaus A: Intravitreal treatment with antisense oligonucleotides targeting tumor necrosis factor-alpha in murine Herpes Simplex Virus Type 1 Retinitis. Graefes Arch Clin Exp Ophthalmol. 2011 Nov 10. [Epub ahead of print]

Heiligenhaus A, Thurau S, Hennig M, Grajewski RS, Wildner G. Anti-inflamatory treatment of uveitis with biologicals: New treatment options that reflect pathogenic knowledge of the disease. Graefes Arch Clin Exp Ophthalmol. 2010 Nov; 248 (11):1531-51. Epub 2010 Aug 25.

Bauer D, Wasmuth S, Hennig M, Baehler H, Steuhl, KP, Heiligenhaus A: Amniotic membrane transplantation induces apoptosis in T lymphocytes in murine corneas with experimental herpetic stromal keratitis. Invest. Ophthalmol. Vis. Sci. 2009 Jul; 50 (7):3188-98.

Li, J, Wasmuth, S, Bauer, D, Baehler, H, Hennig, M, Heiligenhaus A: Subconjunctival antisense oligonucleotides targeting TNF-alpha influence immunopathology and viral replication in murine HSV-1 retinitis. Graefes Arch Clin Exp Ophthalmol. 2008 Sep; 246 (9):1265-73.

Bauer D, Wasmuth S, Hermans P, Hennig M, Meller K, Meller D, van Rooijen N, Tseng SC, Steuhl KP, Heiligenhaus A: On the influence of neutrophils in corneas with necrotizing HSV-1 keratitis following amniotic membrane transplantation. Exp Eye Res. 2007 Sep; 85 (3):335-45.

Artikel in Begutachtung

Hennig M, Bauer D, Wasmuth S, Busch B, Walscheid K, Thanos S, Heiligenhaus A: Everolimus improves experimental autoimmune uveoretinitis by immunosuppression and induction of antigen-specific regulatory T-cells. Invest. Ophthalmol. Vis. Sci.

Heiligenhaus A, Zurek-Imhoff B, Roesel M, Hennig M, Heinz C: Everolimus for the treatment of uveitis refractory to cyclosporine A. Am. J. Ophthalmol.

Bauer D, Hennig M, Wasmuth S, Baehler H, Steuhl KP, Heiligenhaus A: Amniotic membrane transplantation induces apoptosis in T lymphocytes in murine corneas with experimental herpetic stromal keratitis. Invest. Ophthalmol. Vis. Sci.

Tappeiner C, Moeller B, Hennig M, Heiligenhaus A: New Biologic Drugs: Anti-Interleukin Therapy. Developments in Ophthalmology ed. F. Bandello (Milan): New Treatment Options in Non-Infectious Uveitis eds. G. Modorati, E. Miserocchi (Milan), S. Foster (Boston).

Lueck K, Hennig M, Lommatzsch A, Pauleikhoff D, Wasmuth S: Complement and UV-irradiated photoreceptor outer segments increase the cytokine secretion by retinal pigment epithelial cells. Invest. Ophthalmol. Vis. Sci.

Lueck K, Moss SE, Greenwood J, Hennig M, Lommatzsch A, Pauleikhoff D, Wasmuth S: Human complement sera stimulates retinal pigment epithelial cells to undergo proinflammatory changes as in early age related macular degeneration. Molecular Vision.

8. Publikationsliste

Vorträge

Hennig M, Wasmuth S, Bauer D, Busch M, Zurek-Imhoff B, Thanos S, Heiligenhaus A. Improvement of uveitis with everolimus is associated with Treg cells. 32th International Congress of Ophthalmology 2010.

Heiligenhaus A, Zureck-Imhoff B, Roesel M, Heinz C. Uveitis refractive to cyclosporine improves with additional Everolimus: a pilot study. 32th International Congress of Ophthalmology 2010.

Hennig M, Bauer D, Wasmuth S., Busch M, Walscheid K, Heiligenhaus A. Effect of Everolimus on the course of experimental autoimmune uveitis and non-infectious human uveitis. 32. Symposium der Norddeutschen Immunologen 2009.

Heiligenhaus A, Zureck-Imhoff B, Hennig M, Roesel M, Heinz C. Uveitis refractive to cyclosporine improves with additional everolimus. 107. Jahrestagung der DOG 2009.

Hennig M, Bauer D, Wasmuth S, Busch M, Walscheid K, Heiligenhaus A. The effect of everolimus on the course of experimental autoimmune uveitis. 106. Jahrestagung der DOG 2008.

Lück K., Wasmuth S., Hennig M., Pauleikhoff D. Effect of complement and zymosan on retinal pigment epithelial cells. 106. Jahrestagung der DOG 2008.

Wasmuth S, Hennig M, Trieschmann M, Spital G, Lommatzsch A, Pauleikhoff D. Biological reactions of retinal pigment epithelial cells on complement challenge *in vitro*. 4. Internationales AMD Symposium 2007.

Hennig M, Thäle C, Kiderlen AF. The role of IL-15 and IL-15R in innate immunity. 27. Symposium der Norddeutschen Immunologen 2004.

Poster

Hennig M, Bauer D, Busch M, Wasmuth S, Walscheid K, Thanos S, Heiligenhaus A. Effective treatment of experimental autoimmune uveitis with everolimus is associated with the support of regulatry T-cells, ARVO 2011, Beitrag 2276/ A442

Busch M, Bauer D, Hennig M, Wasmuth S, Thanos S, Heiligenhaus A. Effect of systemic or intravitreal anti tumor necrosis factor-alpha treatment in experimental autoimmune uveoretinitis, ARVO 2011, Beitrag 2277/ A443

Grajewski R S, Li J, Wasmuth S, Hennig M, Bauer D, Heiligenhaus A. Intraocular treatment with antisense oligonecleotides targeting tumor necrosis factor-a in murine herpes simplex virus type 1 retinitis , ARVO 2011, Beitrag 2964/ D1058

Bauer D, Hennig M, Wasmuth S, Busch M, Baehler H, Steuhl K P, Thanos S, Heiligenhaus A. Amniotic membrane induces peroxisome proliferator-activated receptor γ positive alternatively activated macrophages. ARVO 2011, Beitrag 1128/D910

Busch M, Bauer D, Hennig M, Wasmuth S, Heiligenhaus A. Effect of systemic and local tumor necrosis factor alpha inhibition in experimental autoimmune uveoretinitis. 40. DGFI 2010, Beitrag Al–116.

8. Publikationsliste

Bauer D, Hennig M, Wasmuth S, Baehler H, Busch M, Steuhl KP, Heiligenhaus A. Amniotic membrane induces PPAR-gamma and arginase 1 positive alternative activated macrophages. 40. DGFI 2010, Beitrag MII-115.

Hennig M, Bauer D, Wasmuth S, Busch M, Zurek-Imhoff B, Thanos S, Heiligenhaus A. Effective treatment of uveitis with everolimus is associated with the support of regulatory T-cells. 40. DGFI 2010, Beitrag RTC-119.

Hennig M, Bauer D, Wasmuth S, Busch M, Walscheid K, Heiligenhaus A. Influence of Everolimus on the course of the experimental autoimmune uveitis (EAU). 2. European Congress of Immunology 2009, Beitrag PC22/10.

Bauer D, Hennig M, Wasmuth S, Busch M, Baehler H, Steuhl KP, Heiligenhaus A. Suppression of nonspecific and accessory function of macrophages by amniotic membrane and increased corneal invasion, proliferation and survival in the presence of apoptotic Cells. 2. European Congress of Immunology 2009, Beitrag PA07/23.

Hennig M, Bauer D, Wasmuth S, Busch M, Walscheid K, Heiligenhaus A. Influence of Everolimus on the course of experimental autoimmune uveitis (EAU). ARVO 2009 Beitrag 5918/A524.

Heiligenhaus A, Zureck-Immhoff B, Hennig M, Roesel M, Heinz C. Everolimus for the treatment of uveitis unresponsive to Cyclosporine A. ARVO 2009, Beitrag 2700/D1109.

Bauer D, Hennig M, Wasmuth S, Busch M, Baehler H, Steuhl KP, Heiligenhaus A. Phagozytosis of apoptotic or necrotic cells facilitate macrophage survival and proliferation in necrotizing HSV-1 keratitis in the presence of amniotic membrane. ARVO 2009, Beitrag 947/D662.

Hennig M, Bauer D, Wasmuth S, Busch M, Walscheid K, Heiligenhaus A. Influence of Everolimus on the course of the experimental autoimmune uveitis (EAU). 7. International Symposium on Uveitis 2008, Beitrag P92.

Bauer D, Hennig M, Wasmuth S, Busch M, Baehler H, Steuhl KP, Heiligenhaus A. Phagozytosis of apoptotic or necrotic cells facilitate macrophage survival and proliferation in necrotizing HSV-1 keratitis in the presence of amniotic membrane. Annual Meeting of Immunology of the Austrian and German Societies (ÖGAI; DGFI) 2008, Beitrag 1947.

Wasmuth S, Hennig M, Lück K, Zeimer M, Spital G, Lommatzsch A, Paueikhoff D. Retinal pigment epithelial cells are impaired by complement. ARVO 2008, Beitrag 5153.

9. Abkürzungsverzeichnis

Abb.	Abbildung
AIRE	Transkriptionsfaktor, engl.: autoimmune regulator
ACAID	engl.: anterior chamber induced immune deviation
APC	Fluoreszenzfarbstoff: Allophycocyanin
APES	3-Aminopropyltriethoxysilane
APZ	Antigen präsentierende Zelle
bzw.	beziehungsweise
BZR	B-Zell-Rezeptor
°C	Grad Celsius
CD	Differenzierungsmarker, engl.: cluster of differentiation
CFA	komplettes Freund-Adjuvans, engl.: complete freund´s adjuvans
CFSE	Carboxyfluorescein-Succinimidyl-Ester
CH	Choroidea
Con A	Concanavalin A
cpm	Zähler pro Minute, engl.: counts per minute
CTLA-4	zytotoxisches Lymphozytenantigen-4, engl.: cytotoxic T-lymphocyte antigen 4
d	Tag, engl.: day
DZ	Dendritische Zellen
EAU	experimentelle autoimmune Uveoretinitis
EDTA	Ethylendiamin-tetraacetat
EIU	Endotoxin induzierte Uveitis
ELISA	Enzym-gekoppelter Immunadsorbtionstest, engl.: enzyme linked immunosorbent assay
et al.	und andere (lat.: et alii)
FACS	Durchflusszytometer, engl.: fluorescence activated cell sorter
Fc, FcR	Fragment kristallin (engl.: fragment crystallizable), Fc-Rezeptor
FITC	Fluoreszenzfarbstoff: Fluoresceinisothiocyanat
FKS	fötales Kälberserum, engl: fetal calf serum
FSC	bezeichnet die Größe der in der Durchflusszytometrie gemessenen Messereignisse, engl.: forward scatter
FoxP3	Transkriptionsfaktor, engl.: forkhead-box-protein P3
xg	Zentrifugalbeschleunigung
g	Gramm

9. Abkürzungsverzeichnis

GCL	Ganglionzellschicht (eng.: ganglion cell layer)
GITR	Glucokortikoid-induzierter TNF-Rezeptor
GM-CSF	engl.: granulocyte macrophage colony-stimulating factor
h	Stunde
HE	Hämatoxilin-Eosin-Färbung
HEPES	2-(4-(2-Hydroxyethyl)-1-piperazinyl)-ethansulfonsäure
HLA	humanes Leukozytenantigen/ Histokompatibilitäts-Antigenen
HRP	Meerrettichperoxidase, engl.: horseradish peroxidase
IFA	inkomplettes Freund-Adjuvans, engl.: incomplete freund's adjuvans
IFN	Interferon
IgG	Immunglobulin
IHC	Immunhistochemie
IL	Interleukin
INL	Innere Körnerschicht (engl.: inner nuclear layer)
i.p.	intraperitoneal
IPL	Innere Plexiform Schicht (engl.: inner plexiform layer)
IRBP$_{P161-180}$	Interphotorezeptor Retinoid-bindendes Protein $_{P161-180}$ [SGIPYIISYLHPGNTILHVD]
L	Liter
LN	Regionale Lymphknoten (engl.: lymph nodes)
LPS	bakterielles Lipopolysaccharid
LAG-3	engl.: lymphocyte-activation gene 3
M	Mol
MHC	Haupthistokompatibilitätskomplex, engl.: major histocompatibility complex
Mφ	Monozyten/Makrophagen
µCi	Mikrocurie
µg	Mikrogramm
µl	Mikroliter
µM	Mikromol
mTor	Ziel des Rapamycins im Säugetier, engl.: mammalian Target of Rapamycin
mM	Millimol
min	Minuten
ml	Milliliter

9. Abkürzungsverzeichnis

α-MSH	Peptidhormon, engl.: α-melanocyte-stimulating hormone
N	Normalität
NFAT	Transkriptionsfaktor, engl.: nuclear factor of activated T-cells
NK	Natürliche Killer - Zellen
NFκB	Transkriptionsfaktor, engl.: nuclear factor kappa B
nm	Nanometer
ONL	Äußere Körnerschicht (engl.: outer nuclear layer)
PAMPs	pathogenassoziierte molekulare Muster (engl.: pathogen-associated molecular pattern)
pH	pH-Wert, lat.: pondus Hydrogenii
pg	Pikogramm
PTX	Pertussis Toxin
PBS	Phosphatgepufferte Salzlösung, engl.: phosphate buffered saline
PBMC	mononukleäre Zellen des peripheren Blutes, engl.: peripheral blood mononuclear cell
PE	Fluoreszenzfarbstoff: R-Phycoerythrin
PE-Cy7	Fluoreszenzfarbstoff: Phycoerythrin-Cy7
PMN	Polymorphkernige neutrophile Granulozyten
RPE	retinale Pigmentepithel-Zellen
rpm	Umdrehungen pro Minute (engl.: rounds per minute)
RPMI	Roswell Park Memorial Institut
ROS	äußere Photorezeptor Segmente (engl.: rod outer segments)
RT	Raumtemperatur
s.c.	subkutan, engl.: sub cutan
sec	Sekunden
SSC	bezeichnet die Granularität der in der Durchflusszytometrie aufgenommenen Messereignisse, engl.: side scatter
Tab.	Tabelle
TGF-β	transformierender Wachstumsfaktor beta, engl.: transforming growth factor beta
Th-Zelle	T-Helfer-Zelle
TLR	Toll ähnliche Rezeptoren, engl.: toll-like receptor
TNF	Tumor Nekrose Faktor
TRAIL	TNF verwandter Apoptose-induzierender Ligand, engl.: tumor necrosis factor-related apoptosis inducing-ligand

9. Abkürzungsverzeichnis

TZR	T-Zell-Rezeptor
V	Vitreus
VDJ	(engl.: Variable, Diverse, and Joining)-Gen-Segmente
VLA-4	Integrin, engl.: very late antigen-4
VDJ	engl.: Variable, Diverse, and Joining
VCAM-1	Integrinrezeptor, engl.: vascular cell adhesion molecule 1
v/v	Volumeneinheit pro Volumeneinheit
w/v	Gewicht pro Volumeneinheit

10. Abbildungsverzeichnis

Abb. 1:	Behandlungsschema	34
Abb. 2:	Histopathologische Bestimmung des EAU-Schweregrades	37
Abb. 3:	FoxP3$^+$ Kontrollfärbung	40
Abb. 4:	Durchflusszytometrische Analyse muriner CD4$^+$CD25$^+$FoxP3$^+$ Zellen	47
Abb. 5:	Durchflusszytometrische Analyse CFSE$^+$ Zellen nach adoptivem Transfer	49
Abb. 6:	Durchflusszytometrische Analyse des Th1/Th2 Multiplex-Bead Array	51
Abb. 7:	Frequenz FoxP3$^+$ Zellen in murinen CD4$^+$CD25$^+$ und CD4$^+$CD25$^-$ Splenozyten	53
Abb. 8:	Zellsortierung	55
Abb. 9:	Durchflusszytometrische Analyse humaner CD3$^+$CD4$^+$CD25$^+$FoxP3$^+$ Zellen	57
Abb. 10:	Histologie eines gesunden und eines EAU-erkrankten Auges	59
Abb. 11:	Charakterisierung des intraokularen entzündlichen Infiltrats	60
Abb. 12:	Die Wirkung der Everolimusbehandlung auf die Inzidenz und den EAU-Schweregrad	63
Abb. 13:	Der Effekt der Everolimusbehandlung und der EAU-Induktion auf das Körpergewicht	65
Abb. 14:	Der Einfluss der Everolimusbehandlung auf die zelluläre Effektorantwort	66
Abb. 15:	3[H]-Thymidin Proliferationstest splenischer Lymphozyten	68
Abb. 16:	IRBP$_{P161-180}$-spezifische Serumantikörper	70
Abb. 17:	Th1-Zytokinmuster von Splenozyten	72
Abb. 18:	Th2-Zytokinmuster von Splenozyten	74
Abb. 19:	IL17-Produktion von Splenozyten	75
Abb. 20:	Intraokulare Th1-Zytokinmuster	77
Abb. 21:	Intraokulare Th2-Zytokinmuster	78
Abb. 22:	Intraokularer IL-17-Gehalt	79
Abb. 23:	Durchflusszytometrische Analyse der CD4$^+$CD25$^+$ FoxP3$^+$ Zellen	81
Abb. 24:	Suppressive Kapazität CD4$^+$CD25$^+$ Zellen	82
Abb. 25:	Anzahl intraokularer FoxP3$^+$ Zellen	83
Abb. 26:	Regulatorische T-Zellen im peripheren Blut von Uveitis-Patienten	84

11. Tabellenverzeichnis

Tab. 1: Die Rolle von PTX bei der EAU-Induktion im Immunisierungsmodell   58

Tab. 2: Zytokinmuster uveitogener Lymphozyten   61

Tab. 3: Eine durchflusszytometrische Verteilungsstudie uveitogener Zellen nach adoptivem Transfer   62

Danksagung

Mein ganz besonderer Dank gilt Herrn Prof. Dr. med. A. Heiligenhaus für die Überlassung des Themas, die stete Diskussionsbereitschaft und die Unterstützung zur Anfertigung dieser Arbeit.

Bei Herrn Prof. Dr. rer. nat. U. Dittmer bedanke ich mich für die Übernahme des Referats für die vorliegende Arbeit, die Diskussionsbereitschaft und für die wertvollen Anregungen, die zur Fertigstellung dieser Arbeit beigetragen haben.

Prof. Dr. med. Dr. rer. nat. S. Thanos gilt mein Dank für die Bereitstellung zur Mitnutzung der Zentralen Tiereinrichtung.

Frau PD Dr. rer. nat. K. Loser danke ich für die Bereitstellung der Möglichkeit zur Mitnutzung des Isotopenlabors und des Durchflusszytometers.

Herrn Dipl. Ing. K. Lennartz danke ich für die Durchführung der Zellsortierung.

Bei Herrn Dr. rer. nat. D. Bauer, Frau Dr. rer. nat. S. Wasmuth, Herrn Dipl.-Biol. M. Busch, Frau cand. med. K. Walscheid, Frau M. Sc. K. Lück, Frau Dipl.-Biol. H. Bähler und Frau L. Bagnewski möchte ich mich für die überaus gute kollegiale Zusammenarbeit, den fachlichen Anregungen, die stete Diskussionsbereitschaft und dem Korrekturlesen dieser Arbeit bedanken.

Frau Dipl. Ing. B. Zurek-Imhoff möchte ich für die angenehme und zuverlässige Zusammenarbeit im Rahmen der klinischen Studie danken.

Dem gesamten Team der Augenabteilung am St. Franziskus Hospital in Münster danke ich für die Unterstützung und die angenehme Arbeitsatmosphäre.

Bei Frau Dipl. Biol. J. Thiry, Frau Dr. rer. nat. B. Ackermann, Frau Karin Warnke und Frau Daniela Brüggen möchte ich mich für die Unterstützung zur Anfertigung dieser Arbeit bedanken.

Im Besonderen danke ich meinem Freund, meinen Eltern, meiner Familie und meinen Freunden für ihre Motivation, ihren Rückhalt und ihre liebevolle Unterstützung, die diese Arbeit erst möglich gemacht haben.

Die VDM Verlagsservicegesellschaft sucht für wissenschaftliche Verlage abgeschlossene und herausragende

Dissertationen, Habilitationen, Diplomarbeiten, Master Theses, Magisterarbeiten usw.

für die kostenlose Publikation als Fachbuch.

Sie verfügen über eine Arbeit, die hohen inhaltlichen und formalen Ansprüchen genügt, und haben Interesse an einer honorarvergüteten Publikation?

Dann senden Sie bitte erste Informationen über sich und Ihre Arbeit per Email an *info@vdm-vsg.de*.

Sie erhalten kurzfristig unser Feedback!

VDM Verlagsservicegesellschaft mbH
Dudweiler Landstr. 99
D - 66123 Saarbrücken

Telefon +49 681 3720 174
Fax   +49 681 3720 1749

www.vdm-vsg.de

Die VDM Verlagsservicegesellschaft mbH vertritt

Printed by Books on Demand GmbH, Norderstedt / Germany